蝴蝶轻图鉴

含章新实用编辑部　编著

Ｋ 江苏凤凰科学技术出版社·南京

图书在版编目（CIP）数据

蝴蝶轻图鉴 / 含章新实用编辑部编著. — 南京：
江苏凤凰科学技术出版社，2023.6
ISBN 978-7-5713-3478-9

Ⅰ.①蝴⋯ Ⅱ.①含⋯ Ⅲ.①蝶－图集 Ⅳ.
①Q964-64

中国版本图书馆CIP数据核字（2023）第044290号

蝴蝶轻图鉴

编　　　著	含章新实用编辑部	
责 任 编 辑	向晴云	
责 任 校 对	仲　敏	
责 任 监 制	方　晨	

出 版 发 行　江苏凤凰科学技术出版社
出版社地址　南京市湖南路 1 号A楼，邮编：210009
出版社网址　http://www.pspress.cn
印　　　刷　天津丰富彩艺印刷有限公司

开　　　本　718 mm × 1 000 mm　1/16
印　　　张　12.5
插　　　页　1
字　　　数　430 000
版　　　次　2023年6月第1版
印　　　次　2023年6月第1次印刷

标 准 书 号　ISBN 978-7-5713-3478-9
定　　　价　52.00元

 PREFACE

蝶，通称为"蝴蝶"，是节肢动物门、昆虫纲、锤角亚目的总称。蝴蝶不仅被人们称为"会飞的花朵""虫国的佳丽"，也被看作是和平、幸福、爱情忠贞的象征。早在干宝的《搜神记》中就有关于蝴蝶的记载："木蠹生虫，羽化为蝶。"罗曼·罗兰也曾称赞道："蝴蝶在思索中幻想美，因此它有冲破现实之茧的生命利剑。"

蝴蝶在六千多万年前便在地球上出现了，它们是更早于人类的自然界成员。蝴蝶在吮吸花蜜的同时，也是传播花粉的媒介。蝴蝶是大自然的舞姬，是美的精灵，深受人们的喜爱。

蝴蝶按照其特征和进化的程度可分为蛱蝶总科、凤蝶总科、灰蝶总科和弄蝶总科，共计四大总科。由于弄蝶总科蝴蝶的资料较少，所以在本书中不作详细的列举和解读。蛾类和蝴蝶在外形上比较相似，且都属于完全变态的昆虫，因此本书在最后将蛾类以附录的形式呈现给大家。本书共分为蛱蝶总科、凤蝶总科、灰蝶总科三章，收录了200多种蝴蝶与蛾类，详细介绍了每种蝴蝶与蛾类的情况。同时，本书在专题部分，系统介绍了蝴蝶的分类、形态、生长阶段、生活习性以及如何观察和饲养、保护与利用、与蛾区别等内容。

本书内容丰富，编排科学，插图清晰，是读者了解、欣赏蝴蝶和蛾类的理想读物，可供广大蝴蝶爱好者以及蝴蝶标本收藏家阅读和鉴赏。

目录 CONTENTS

认识蝴蝶

走近蝴蝶 … 1

蝴蝶的分类 … 2

蝴蝶的形态 … 6

蝴蝶的生长阶段 … 7

蝴蝶的生活习性 … 9

蝴蝶的自我防卫 … 11

如何饲养蝴蝶 … 12

蝴蝶的观赏及经济价值 … 13

美丽蝴蝶精选 … 15

第一章 蛱蝶总科

黎明闪蝶 … 18

月神闪蝶 … 19

光明女神闪蝶 … 20

塞浦路斯闪蝶 … 21

太阳闪蝶 … 22

三眼砂闪蝶 … 22

美神闪蝶 … 23

星褐闪蝶 … 23

小蓝闪蝶 … 24

梦幻闪蝶 … 25

夜光闪蝶 … 26

大白闪蝶 … 27

傲白蛱蝶 … 28

八目丝蛱蝶 … 28

白双尾蝶 … 29

白弦月纹蛱蝶 … 29

白带锯蛱蝶 … 30

蓝闪蝶 … 31

黑框蓝闪蝶 … 32

尖翅蓝闪蝶 … 33

白星橙蝶 … 34

白阴蝶 … 34

豹斑蝶 … 35

波纹翠蛱蝶 … 35

橙色蛇目蝶 … 36

大豹斑蝶 … 36

圆翅红灯蛾 … 179

白纹红裙灯蛾 … 180

红裙灯蛾 … 180

红裳灯蛾 … 181

黑褐灯蛾 … 181

黄带黑鹿子蛾 … 182

白网红灯蛾 … 182

黑点白灯蛾 … 183

带裙夜蛾 … 183

非洲大黑蛾 … 184

前橙夜蛾 … 184

蓝带夜蛾 … 185

黑带黄夜蛾 … 185

榆凤蛾 … 186

芳香木蠹蛾 … 186

舞毒蛾 … 187

红白蝙蝠蛾 … 187

枯球箩纹蛾 … 188

家蚕蛾 … 189

锦纹剑尾蛾 … 189

日落蛾 … 190

黄带枯叶蛾 … 167

李枯叶蛾 … 168

大眼纹天蚕蛾 … 169

榆绿天蛾 … 169

芋双线天蛾 … 170

巴纹天蛾 … 170

咖啡透翅天蛾 … 171

基红天蛾 … 171

鬼脸天蛾 … 172

黄豹大蚕蛾 … 173

夹竹桃天蛾 … 174

凹翅黄天蛾 … 175

狭翅黄天蛾 … 175

青眼纹天蛾 … 176

小透翅天蛾 … 176

红裙小天蛾 … 177

顶纹天社蛾 … 177

黄脉小天蛾 … 178

非洲眼纹天蚕蛾 … 178

圈纹灯蛾 … 179

认识蝴蝶

走近蝴蝶

蝴蝶在世界上大部分国家和地区均有分布，只要是适合人类生活的自然环境，都能够在其中发现蝴蝶的身影，从北极圈的冻土地带到赤道上的热带雨林，到处可见它们的踪迹。全世界的蝴蝶品种有 14 000 种以上，而蝴蝶数量以南美洲的亚马孙河流域最多。

蝴蝶翅膀的颜色绚丽多彩，花纹变幻莫测，这主要是由其翅膀上的鳞片所决定的，这些鳞片不但使蝴蝶的翅色无比艳丽，还具有保护蝴蝶的作用。

如此美丽的生灵，却很少有人知道它们的成蝶时间平均只有 10 ～ 20 天。蝴蝶短暂的一生需要经历卵、幼虫、蛹和成蝶 4 个阶段，而只有在成蝶时它们才是我们所看到的美丽模样。

蝴蝶用自己独特的"行为艺术"展示生命的美好，默默地为大自然献上自己的生命和色彩，为我们的生活增添了更多灵动的气息。

世界上已知的最大的蝴蝶要属亚历山大鸟翼凤蝶的雌蝶，其翅展可达 31 厘米。我国体形最大的蝴蝶是金裳凤蝶，其雌蝶翅展可达 15 厘米。产于阿富汗的小灰蝶是世界上最小的蝴蝶，其翅展仅为 1.6 厘米。

我国目前已知的蝴蝶有 2 153 种，已命名的有 1 300 种，其中以云南、海南、广西、四川所产蝴蝶种类最为丰富，均在 600 种以上；台湾、广东、福建所产蝴蝶均在 400 种以上。云南省有中国"蝴蝶之乡"的称号。2011 年 5 月正式对外开放的成都华希昆虫博物馆，是公认的全球收藏中国蝴蝶种类最为齐全的博物馆。

蝴蝶的分类

　　根据蝴蝶的特征和进化的程度，蝴蝶可分为 4 总科和 17 科。4 总科为蛱蝶总科、凤蝶总科、灰蝶总科和弄蝶总科。蛱蝶总科包括绡蝶科、闪蝶科、袖蝶科、蛱蝶科、斑蝶科、环蝶科、珍蝶科和眼蝶科；凤蝶总科包括凤蝶科、粉蝶科和绢蝶科；灰蝶总科包括蚬蝶科、灰蝶科和喙蝶科；弄蝶总科包括弄蝶科、缰弄蝶科和大弄蝶科。由于弄蝶总科蝴蝶的图片和资料不足，故本书不作详细列举。

蛱蝶总科

● 绡蝶科

　　又名透翅蝶科，该科蝴蝶在我国没有分布。该科包括一些小型到中型的蝴蝶，身体和触角均细长，翅膀狭长，飞行较缓慢，多在林区生活。一些蝶种翅上鳞片稀少，黄白色半透明如绡帕；另一些蝶种翅面呈红褐色，缀有黑色或黄色的斑纹。

● 闪蝶科

　　为大型的华丽蝶种，翅膀宽且大，常以黑、白色为基调，缀有红、青、蓝等颜色的斑纹，腹部特别短粗。所有种类在翅的反面多少都有成列的眼斑。它们在白天活动，飞行快速敏捷，常以坠落果实的汁液为食。该科蝴蝶只分布于南美洲。

● 袖蝶科

　　从蛱蝶科分出，又叫长翅蝶科，由于体内含有毒素，也被称作毒蝶科。成虫头部较大，触角和腹部细长，翅狭长，前翅的长度是宽度的两倍，多数种类为黑色，翅面缀有红色、黄色或白色的斑纹，色彩美丽。该科蝴蝶容易饲养且寿命较长，主要分布于南美洲。

● 蛱蝶科

为小型至中型的蝶种，少数为大型蝶种，是蝶类中数量最多的一科。该科蝴蝶色彩丰富，形态各异，容易识别。成虫的下唇须粗壮，触角端部明显加粗，呈锤状，翅形丰富，变化多，前翅多为三角形，后翅近圆形或近三角形。

● 环蝶科

多属中型至大型的蝶种，身体较小，两翅的面积较大，前翅近似三角形，后翅近圆形，常以灰褐色、黄褐色为翅面基色，以黑色和白色斑纹为饰。翅膀上缀有大斑点，两翅反面的近亚外缘常缀有较多的环状斑纹。分布于亚洲、南美洲和大洋洲。

● 斑蝶科

为中型或大型的蝶种，身体多为黑色，头部和腹部缀有白色小点，翅膀大多色彩鲜艳，呈黄色、黑色、白色等。成虫的触角端部逐渐加粗，胸部侧面常有较多白斑，前翅近似三角形，后翅为圆三角形。幼虫以夹竹桃科或萝藦科的有毒植物为食。

● 珍蝶科

又称斑蛱蝶科，属中小型蝶种，成虫的触角端部逐渐加粗，前足退化。雌蝶在完成交尾后，腹部末端会出现三角形的臀套。该科蝴蝶褐色或红色的翅面上缀有黑色、白色的斑纹，前翅为窄长的卵圆形，且明显比后翅长，后翅近卵圆形。

● 眼蝶科

多属小型至中型的蝶种，一般以灰褐、黑褐色为底色，翅面分布有黑色和白色的斑纹。成虫的触角端部逐渐加粗，前足退化，前翅为圆三角形，后翅近圆形，翅上经常缀有比较显著的外横列眼状斑或圆斑。幼虫的寄主一般为禾本科植物。

● 粉蝶科

通常为中型或小型的蝶种，翅面颜色较素淡，多为黄色、白色和橙色，且常缀有黑色或红色斑纹，前翅为三角形，后翅呈卵圆形。多数种类的翅膀表面覆粉。该科蝴蝶约有 1 240 种，分布较广泛，主要分布于非洲中部和亚洲地区。

凤蝶总科

● 凤蝶科

为中型至大型的美丽蝶种，多以黑色、黄色、白色为底色，前翅和后翅均近似三角形，翅面缀有红、黄、蓝、绿等色的斑纹，后翅多有尾带。该科蝴蝶多分布于热带和亚热带地区。幼虫一般以芸香科、伞形科植物为食，部分为害虫，如金凤蝶的幼虫等。

● 绢蝶科

多为中型蝶种，分布于高山地区，耐寒，飞行较缓慢。成虫的触角较短，端部膨大呈棒状，身体长有密毛，翅色为白色或蜡黄色，翅膀近圆形，呈半透明状，翅面分布有黑色、黄色或红色的斑纹，斑纹一般为环状。

灰蝶总科

● 蚬蝶科

为小型蝶种，该科蝴蝶喜欢在阳光明媚时飞翔，翅膀一般在休息时展开。成虫的触角缀有多数白环，头部较小，前翅多为三角形，后翅近卵圆形，以红色、黑色、褐色为主，缀有白色的斑纹，而且两翅正、反面的颜色和斑纹对应相似。幼虫头部较大，身体短且扁，生有细毛。

● 灰蝶科

为小型蝶种，是蝴蝶的第二大种类，多在热带和亚热带地区分布。成虫的触角缀有不少白色的环纹，前翅多为三角形，后翅近卵圆形，翅膀正面多为灰色、黑色、褐色等，部分种类的两翅表面泛有紫色、蓝色、绿色等的金属光泽。幼虫身体呈扁平状，身上的腺体能够分泌出蜜露。

● 喙蝶科

为中小型蝶种，种类较少，全世界只有10 种，大部分蝶种分布于南美洲和北美洲，少部分分布于亚洲、非洲、欧洲。成虫的头部较小，触角端膨大呈锤状，生有较长的下唇须，是头部长度的两倍以上，前翅呈三角形，后翅呈多边形，翅面为灰褐色或黑褐色，有白色或红褐色的斑纹。

蝴蝶的形态

蝴蝶的身体结构包括头部、胸部和腹部 3 部分，其中胸部生长着它们的翅膀。

头部：蝴蝶的头部有口器、眼和触角。口器为虹吸式口器，眼为复眼。蝴蝶的前足与触角都是感觉器官。

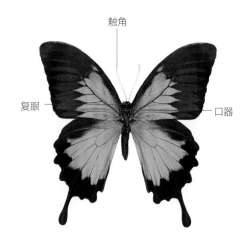

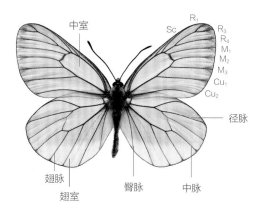

胸部：蝴蝶的胸部有 2 对翅膀和 3 对足。翅膀由翅脉分成若干个翅室。翅脉一般分为亚前缘脉（Sc）、径脉（R）、中脉（M）、臀脉（A）等。

腹部：蝴蝶的腹部是其生殖器官所在处。交尾时，雌雄蝴蝶一般腹部相连，头部反向。已经交尾过的雌蝶在雄蝶飞临时，会将翅膀平展，腹部高高翘起，以表示不再接受交尾。雌性珍蝶在交尾后会长出特殊的臀套，避免再次交尾。

交尾中的蝴蝶

蝴蝶的生长阶段

蝴蝶是完全变态类的昆虫，它们的一生要经历 4 个生长阶段：卵、幼虫、蛹、成虫。

卵

雌蝶一般将卵产在幼虫喜欢吃的植物叶面上，即所谓的"寄主植物"，方便孵化后的幼虫进食。卵通常散产，一次只在一个地方产下一枚卵，也有聚产的，几枚卵产在一起，有的会在卵上覆盖母虫体毛。

卵有各种不同的形状，一般呈圆球形（如凤蝶科）、半球形（如弄蝶科、蛱蝶科）、椭圆形（如眼蝶科）或扁圆形（如灰蝶科），颜色多为黄色、白色、绿色等，不同品种的蝴蝶所产下卵的大小差异也较大。卵的顶部有细孔，即受精孔，是精子进入的通路。卵的外壳对于此时的幼虫有着保护作用。蝶卵是一只蝴蝶生命的开始，经过复杂的胚胎变化后卵成为幼虫，幼虫咬破卵壳后便可出来。

幼虫

蝴蝶的幼虫多为肉虫，少数为毛虫，大体呈圆柱形，比较柔软，可分为头部与胴部两个部分。

头部呈圆球形或半圆球形，有的幼虫有角状的突起或分叉。幼虫的胸部和腹部统称为胴部。胴部的前面 3 节是胸部，后面 10 节是腹部，共生有 5 对腹足。幼虫身体上缀有不同颜色的条纹，或生有各种形状的毛或棘。

幼虫破开卵壳出来后会先把卵壳吃掉，然后吃寄主植物的叶片。随着身体的不断长大，幼虫会脱去旧的表皮，长出更宽大的新表皮，即"蜕皮"。幼虫再不断地进食、长大、蜕皮，每蜕皮一次便意味着长大一龄，蝴蝶幼虫通常有 4~5 龄。幼虫充分成熟时会去找寻合适的地方，准备化蛹。

蛹

　　蛹是蝴蝶的转变时期，此时其内部器官会进行根本性的改造，即把之前幼虫的身躯破坏掉，重新组合，形成成虫的美丽身躯。

　　蛹的触角、喙管、翅和足的芽体紧贴在身体腹面，包在最后一次蜕皮时的黏液形成的透明薄膜中。蛹一般能够拟态或具有保护色，藏在隐蔽的地方，避免被发现。

　　蛹的形状有椭圆形或纺锤形（如灰蝶科）、筒形（如弄蝶科）、棱形（如粉蝶科）或畸形（如凤蝶科及蛱蝶科）等。蛹可分为 3 种类型：垂蛹（蛹头向上，蛹中部以丝线缠着捆在树枝上）、挂蛹（蛹尾向上，丝线缠着尾部倒挂在树枝上）和包蛹（蛹被丝线完全包裹着，藏在植物的花朵或果实中）。

成虫

　　蛹成熟后，成虫破壳钻出，其体内的液体会受到肌肉的挤压，到达翅膀内，把还是皱巴巴的翅膀撑开，再由腹部把这些液体排出，经过一段时间后蝶翅愈合并干燥变硬。在这个时间段内，蝴蝶没有办法躲避天敌，处在危险期。

　　蝴蝶的成虫主要以花蜜为食，有的蝶种也吸食溢出的树汁、水中溶解的矿物质、腐烂果实的汁液、牲畜粪便等的汁液。

　　一般来讲，蝴蝶的成虫经交配、产卵后会在冬季到来前死亡，但个别的蝶种会迁徙到南方过冬。这种迁徙的蝴蝶群非常壮观，北美洲的墨西哥和我国云南等地都是比较著名的蝴蝶越冬地点。

　　以上就是蝴蝶一生所要经历的 4 个阶段，生命的起起落落就这样在大自然中轮番上演。

蝴蝶的生活习性

幼虫

● 食物方面

幼虫是蝴蝶一生中主要的取食和生长阶段，大部分蝴蝶幼虫都是植食性的，以寄主植物的叶片为食物。如菜白粉蝶幼虫初龄时只啃食叶片背面的叶肉，剩下透明的上表皮后便将叶片咬空，留下孔洞；有的幼虫嗜食花蕾，如橙斑襟粉蝶、花粉蝶等；有的幼虫蛀食幼果或嫩荚，如灰蝶。除此之外，少部分蝴蝶幼虫是肉食性的。如灰蝶科中的蚧灰蝶幼虫偏爱吃咖啡蚧；蚜灰蝶幼虫以蚧壳虫或蚜虫为食物；而竹蚜灰蝶的幼虫则专吃竹蚜。肉食性蝴蝶幼虫种类比较少，属于蝶类中的益虫。

● 活动方面

所有卵粒散产的蝴蝶，其幼虫都会单独活动；而聚集产卵的蝴蝶，其幼虫也经常群居，集体进食或栖息。如报喜斑粉蝶和苎麻蛱蝶，它们的幼虫经常几十条聚在一块；稻弄蝶幼虫尽管总是单独生活，但它们喜欢用丝将几片叶子缀连起来，在叶苞中间生活和进食。大多数蝴蝶的幼虫都在早晨和傍晚活动，而弄蝶的幼虫则一般在夜间活动。

● 栖息方面

蝴蝶的幼虫一般将寄主植物的叶片用丝连缀起来做成巢在里面栖息，不过缀叶的方法有所不同。香蕉弄蝶的幼虫会将一片香蕉叶的边缘褶黏成窝巢，而稻弄蝶的幼虫则总是将数枚叶片连缀成巢。

成虫

● 食物方面

很多蝴蝶的成虫喜欢飞翔，此外，它们还需要完成交尾和产卵的任务，这都需要及时进食，

以补充消耗的体力。大多数蝴蝶都喜欢访花、吸花蜜，甚至不同的蝶种偏爱不同的蜜源植物。如蓝凤蝶偏爱吸食百合科植物的花蜜；菜粉蝶喜爱吸食十字花科植物的花蜜；豹蛱蝶则嗜好吸食菊科植物的花蜜。

也有的蝴蝶以树木伤口流出的汁液、腐烂果实的汁液、牲畜粪便的汁液、动物腐尸的汁液等为食物。如竹眼蝶以无花果的汁液为食物；淡紫蛱蝶以杨树、栎树的酸浆为食物。一些蝴蝶有饮水的习惯，如青凤蝶经常在山区小溪边或低湿地面上群集饮水。

● 活动方面

蝴蝶的主要活动是飞翔，不同种类的蝴蝶飞翔姿态和速度也不一样，有快有慢，姿态万千。蝴蝶属变温动物，它们的体温和活动会受到外界温度变化的影响。蝴蝶大多在白天进行活动，通常在阳光下飞翔，阴雨天一般不飞。一些蝶类如黑脉金斑蝶，在进行迁徙时能振翅飞翔，远涉重洋，其长途迁移的行为甚至被科学家列为"自然界十大奇迹之一"。

● 栖息方面

蝴蝶是昼出活动的昆虫，傍晚来临时，它们各自选择安静而隐蔽的场所栖息。蝴蝶大多单独栖息，但有些种类喜欢聚在一起栖息，例如部分斑蝶，甚至有些蝶种还会成千上万地群集在一起，我国台湾的"蝴蝶谷"和云南大理的"蝴蝶泉"就是较好的例子。大部分种类的蝴蝶喜欢在植物的枝叶上栖息，也有些蝶种喜欢栖息在悬崖峭壁上。

此外，个别蝶种具有自己独特的栖息习惯。比如喙凤蝶，它们会像蜻蜓那样在树林上空徘徊、飞翔一段时间后，落到树梢上面休息，隔一段时间后会再次起飞，除了进食从不落到地面上来。因此，这类蝴蝶不易见到，也不容易捕捉。

还有一些蝴蝶如翠灰蝶，具有较强的领域

性，它们喜欢在山路、隧道的灌木叶片上栖息，等其他蝴蝶飞过时，便去追赶对方一会儿，而后再重新回到原处休息。

● 繁殖方面

蝴蝶采取交尾的方式进行繁殖。一般蝶类的雄蝶羽化比雌蝶要早，雄蝶会根据雌蝶散发的性信息素寻找羽化不久的雌蝶，追逐雌蝶并伺机进行交尾。雄蝶会飞到雌蝶上方并释放特有的性信息素，雌蝶闻到这种气味后便会情不自禁来到雄蝶身边，进行交尾。

如果一只停留在叶片上的雌蝶已经交尾过，再有雄蝶飞过来时，这只雌蝶便不会起飞，并且会把翅膀平展，腹部翘起，表明不接受交尾，雄蝶绕飞一阵后便会飞走。有时，不需要交尾的雌蝶在空中飞翔时，可能会遇到数只求爱的雄蝶，雄蝶紧追不舍，无奈的雌蝶便会飞到高空，然后突然急速降落，躲藏起来，从而得以脱身。

蝴蝶的自我防卫

在人们的印象中，蝴蝶是弱小的，翅膀纤薄，楚楚可怜，不像别的昆虫那样拥有尖锐的刺和角等武器，它们总是被描述成脆弱而美丽的生物。然而，物竞天择，适者生存，它们是如何在这个复杂多变的大自然中生存繁衍下来的呢？造化万物的大自然是神奇的，为了保护自己不受鸟类和其他捕食动物的伤害，蝴蝶会利用自己的翅膀，采取一些特别的措施以求得生存。蝴蝶的蝶翅相当于飞机的两翼，分布着各种形状和颜色的图案，它们扇动翅膀时，能够利用气流向前行进。事实上蝴蝶的翅膀不但有飞行的作用，还具有隐藏、伪装和警戒的功能。

● 隐藏

宽纹黑脉绡蝶也叫透翅蝶，原产于南美洲的热带雨林。它们的翅膀薄膜没有色彩，也没有鳞片覆盖，这使得它们看上去像玻璃一般透明，有助于它们隐藏自己，不被捕食者发现。

● 伪装

蝴蝶会通过各种方式进行伪装，混入自身所处的背景中。很多蝴蝶的翅膀仅一面色彩艳丽，它们在休息时会将翅膀合拢，只露出暗色的一面，从而使得显眼的色彩隐藏起来。

枯叶蛱蝶又叫枯叶蝶，是世界上著名的拟态蝴蝶。它们停下来休息时，会把翅膀紧紧收起竖立，巧妙地隐藏起身躯，只显露出翅膀的反面。一条纵贯前后翅中部的黑色条纹和细纹很像树叶的中脉和支脉，后翅的末端拖着一条和叶柄很相似的"尾巴"。枯叶蛱蝶翅膀反面的颜色常随着季节变化，秋天时为古铜色，酷似枯叶，色彩和形态都和树叶相似，所以当枯叶蛱蝶静止在树枝上时，捕食者很难发现它们的踪迹。

● 警戒

很多蝴蝶利用伪装来保护自己，而有些种类的蝴蝶会用翅面明亮的颜色来实行防卫措施。小鸟等一些没有经验的捕食者便不会去招惹这些带有警戒色的昆虫。有些种类的蝴蝶翅膀上具有眼纹，能形成可怕的脸谱来吓退捕食者，例如猫头鹰蝶。

红带袖蝶的翅膀红、白、黑相间，色彩绚丽，其翅膀上的亮红色是在警告潜在的敌人"我"是有毒的，让捕食者远离它们。这个信号的传递起到了警戒作用，事实上红带袖蝶并没有毒。

此外，蝶类为了避害求存，除了隐藏、伪装和利用警戒色，还有各种其他吓退外敌的本能。如线纹紫斑蝶雄蝶在被捉住时，能在腹端翻出一对排攘腺并迅速散发出恶臭，使食虫鸟类等捕食者不得不舍弃。

宽尾凤蝶的幼虫在受惊时会翻出臭角，让三胸节凸出呈三角形，再加上 3 个黑色的大斑，形成毒蛇样的威吓姿态，以此自卫。有些蝴蝶幼虫身体上有棘状突起，它们以此吓退敌人，例如孔雀蛱蝶、琉璃蛱蝶等。

如何饲养蝴蝶

现如今，饲养蝴蝶的技术已经相当成熟了，尤其是一些蝴蝶养殖基地，能够养殖大量蝴蝶。当然，我们出于观察和兴趣爱好而进行的养殖，少量饲养即可，花费的金钱也比较少。饲养蝴蝶首先便是引种，我们可以使用采卵或捕捉幼虫的方式来引种。

我们都知道蝴蝶是从卵开始的，它们的一生要经历卵、幼虫、蛹和成虫4个阶段。因此，了解蝴蝶最好的方法之一，就是从卵开始饲养它们。

我们可以在野外采集蝴蝶卵，或从专业的蝴蝶饲养场购买自己想要的蝴蝶卵。从野外采集卵需要连同寄主植物的枝叶一起采集，采集回来带卵的寄主植物的枝条需插入盛水的水瓶内，以防止植物枯死。卵期应注意保湿，过于干燥会降低孵化率，可用湿纱布覆盖在卵面上。等幼虫孵出后，还应及时把水瓶口堵住，避免有幼虫爬入水瓶而淹死。我们可以把购买的卵放在透明的塑料盒里面，一直到它们孵化为止。注意不要把卵放在过大的容器里面，否则这些卵容易干燥脱水而死。

等到幼虫孵出后，就要尽快将它们转移，可以用小毛笔或羽毛轻轻将幼虫扫下，放在容器内的新鲜食料植物上。另外，食料植物的选择，应根据蝴蝶卵的种类来决定。食料植物和蜜源植物的选择是饲养蝴蝶较关键的步骤。

幼虫还小的时候一般可以养在衬有吸温纸的塑料盒里，并定时放入所需要的新鲜食料植物叶子。这个时候不需要在盒盖上打孔通风，以免食物加速枯萎。幼虫的生活空间不宜太挤，因为有些蝴蝶幼虫有自相残杀的习性，所以食料植物要足够，最好有剩余。

幼虫长大后，就要将其移到较大的容器内。幼虫需要鲜活的植物，可以将盆栽的食料植物放

进笼子，也可以将纱网缝成袖套罩在灌木枝上，做成饲养幼虫的小笼子。食料植物的嫩枝条应该垂至笼子底部，这样可以让掉落下来的幼虫重新爬回食料植物上去。

在准备化蛹的场地时，可以在笼子的底部铺上一层稍微潮湿的泥炭。有一些蛹会越冬，在第2年才会羽化成虫，可以将它们移到一个宽敞的羽化笼里面，并时常喷洒一些雾状的水。此外，还要为即将羽化的蝴蝶准备一些嫩枝条，让它们能够攀爬，展开翅翼。在环境方面，要保证蝴蝶在羽化的过程中有充足的阳光。最后，羽化的蝴蝶不再进食叶片，它们会吸食花蜜或腐烂果实的汁液等，在人工条件下，我们也可以用稀释的蜂蜜或糖水来代替花蜜，甚至可以用啤酒来喂食蝴蝶。

蝴蝶的观赏及经济价值

蝴蝶是一种重要的昆虫资源，其色彩鲜艳，深受人们的喜爱，具有较高的观赏价值和经济价值。它们不仅体态优美、婀娜多姿，点缀了大自然，使自然界变得丰富多彩，它们还是幸福、美好、吉祥、友谊和爱情的象征，能给人以鼓舞、安慰和向往。世界上几乎所有的国家都发行过蝴蝶主题邮票，有的国家甚至发行了100多款蝴蝶主题邮票，可见人们对蝴蝶痴醉的热爱和极力的称颂，中外皆是如此。

蝴蝶自古便受到我国文人墨客们的青睐，他们在吟诗作词中常提到蝴蝶，如唐代杜甫的"穿花蛱蝶深深见，点水蜻蜓款款飞"，唐代杜牧的"风吹柳带摇晴绿，蝶绕花枝恋暖香"，宋代杨万里的"儿童急走追黄蝶，飞入菜花无处寻"等，无不脍炙人口。唐代祖咏在《赠苗发员外》中有"丝长粉蝶飞"的诗句，其所指便是尾突细长如丝的丝带凤蝶。而自宋代以来，文人们以"蝶恋花"

作为词牌，创作了很多优美的辞章，比如南唐后主李煜和宋代柳永、晏殊、苏轼等人的《蝶恋花》，无不是经久不衰的绝唱。明代文学家徐霞客在他的游记里对大理蝴蝶泉惊叹不已，他写道："泉上大树，当四月初，即发花如蛱蝶，须翅栩然，与生蝶无异；又有真蝶千万，连须钩足，自树巅侧悬而下，及于泉面，缤纷络绎，五色焕然。"

不光诗人和词人，画家们也常常将蝴蝶捕捉进自己的作品中。在明代和清代，蝴蝶和瓜果构成的图案寓意着吉祥，蝴蝶和花卉搭配能让画面更加生动、自然。

蝴蝶在天地之间翩翩飞舞，成双成对的蝴蝶也成了美好爱情的象征。流传了1 700多年的梁山伯与祝英台的爱情悲剧故事，被人们传唱至今。一曲《梁祝》不知感动了多少人，"化蝶"一段的旋律便是在描述男女主人公化作比翼齐飞的蝴蝶。

The Glassy Tiger　　　The Lemon Emigrant　　　The Common Leopard　　　The Spot Swordtail

The Cruser　　　The Archduke　　　The Common Indian Crow　　　The Common Mime

The Lime Butterfly　　　The Common Mormon (M)　　　The Dark Blur Tiger　　　The Fivebar Swordtail

　　从生态的角度来说，蝴蝶对于人类的生存有着重要意义。我国气候多样，孕育了十分丰富的蝴蝶资源，然而随着我国城市化进程的不断发展，曾经的"儿童急走追黄蝶""东家蝴蝶西家飞"的情景很难出现在我们的生活中，几乎已经成了遥远的美好回忆。

　　蝴蝶具有很高的观赏价值和经济价值，利用空间和前景都比较广阔。对蝴蝶资源的开发和利用，目前最主要的方式是以蝴蝶观赏为主题的蝴蝶园旅游。我国先后建立了数十座蝴蝶园，比较有名的有大理蝴蝶泉公园、成都欢乐谷蝴蝶园以及北京植物园蝴蝶园等。2009 年 7 月，我国首个世界级蝴蝶生态园在云南昆明西山正式开园。

　　作为授粉昆虫，蝴蝶为农林植物和作物授粉，保证植物正常生长。随着野生蝴蝶资源受到越来越严重的破坏，生物多样性逐渐失衡，不少常见的蝴蝶种类现在也已经难觅其踪影。所以近些年来，越来越多的个人和群体加入人工养殖蝴蝶的潮流中，蝴蝶的收购、加工和养殖已成为一个新兴行业。我国四川、辽宁等省已经有不少企业在进行人工养殖蝴蝶，上海、深圳等地的外贸部门大量收购蝴蝶。全世界每年蝴蝶的交易额高达数十亿美元，蝴蝶成了国际市场名贵的工艺品和收藏品。蝴蝶商品贸易经久不衰，有些珍品甚至价值连城。蝴蝶已经成为一种重要的昆虫产业。

　　蝴蝶产业的发展还包括蝴蝶书签、蝴蝶标本、蝴蝶琥珀、蝴蝶花草工艺品、蝶翅画的制作和销售等。蝶翅画是我国独有的画种，起源于明代晚期，以蝴蝶的翅膀为材料，全手工剪贴而成，是我国民间艺术的瑰宝。

美丽蝴蝶精选

88 多涡蛱蝶

这种蝴蝶主要分布于南美洲地区，它们的名称来源于后翅面上的"8"字形图案。这种美丽的翅膀不仅具有观赏价值，还有恐吓、欺骗捕食者和吸引异性的作用。

猫头鹰蝶

猫头鹰蝶是常见大型蝶类，其名字来自它们翅膀上的图案，在它们的后翅面上，分别缀有一个像猫头鹰眼睛一样的图案。它们经常避开明亮的日光，在下午和黄昏时飞翔。猫头鹰蝶是所有蝴蝶收藏家都想得到的精品蝴蝶。

红带袖蝶

红带袖蝶主要分布于巴西一带，该种类的蝴蝶已有数百万年的历史。它们的翅膀红黑相间，其中亮红色的部分是在警告潜在的捕食者，它们是有毒的，而实际上，红带袖蝶无毒。由于其体表的颜色和某一时期葡萄牙邮差制服的颜色很像，故而得名"邮差蝴蝶"。

枯叶蛱蝶

枯叶蛱蝶是世界著名的拟态蝶种，是自然伪装的典型。枯叶蛱蝶的前翅顶角和后翅臀角向前后延伸，呈现出叶尖和叶柄的形状，翅膀呈褐色或紫褐色，中部缀有一条暗黄色的宽斜带，两侧分布有白点。枯叶蛱蝶的翅膀与落叶非常相似，这使得天敌难以发现它们。

黑脉金斑蝶

黑脉金斑蝶属中型蝶种，有迁徙的习性，每年都会长途迁徙。该种蝴蝶雌雄两性相似，翅膀正面基色为黄色、褐色和橙色，缀有黑色的斑纹，边缘为黑色，分布有两串白色的细点，绚丽的翅色有警告捕食者的作用。幼虫多为群集生活，以有毒的植物马利筋为食。

宽纹黑脉绡蝶

宽纹黑脉绡蝶也被称为"玻璃翼蝶""透翅蝶"，属于热带蝴蝶。它们透明的蝶翅给人梦幻般的感觉。宽纹黑脉绡蝶和其他透明翅膀的蝶类一样，翅膀上没有鳞片，因此很容易被识别出来。这种透明的翅膀可以起到隐形的效果，能帮助它们躲避捕食者的猎杀。

蓝闪蝶

蓝闪蝶也被称为"蓝摩尔福蝶""蓝色妖姬"，其蓝色的翅膀十分绚丽，当光线照射到它们的翅膀上时，会产生折射、反射和绕射等现象，这种蝶翅的复杂结构在光学作用下产生了彩虹般的色彩。蓝闪蝶喜食成熟热带水果的汁液，例如荔枝、杧果等的汁液。

老豹蛱蝶

老豹蛱蝶是蛱蝶科豹纹类蝴蝶的总称，有两性异型的特点，雄性老豹蛱蝶要比雌性老豹蛱蝶漂亮。雄性老豹蛱蝶翅膀上长有华丽的橘黄色图案，通过华丽的外表来吸引异性交尾。

蛱蝶总科

∨

蛱蝶总科的种类繁多，分类很复杂，全世界约有蛱蝶6 000种，本总科包括斑蝶科、闪蝶科、眼蝶科、绡蝶科、环蝶科、珍蝶科、袖蝶科和蛱蝶科，其中蛱蝶科是该总科中最大的一科。该科蝴蝶体形大小差异较大，成虫的翅展为3 ~ 20厘米，共同的特点是雌蝶前足退化，没有爪，后翅有肩脉。

黎明闪蝶

科属：闪蝶科、闪蝶属

翅反面为棕色和灰色

大理石斑纹

腹面

黎明闪蝶整体呈淡蓝色，有黑色或深褐色的身体。雄蝶的前翅面呈辉煌淡蓝色，翅前缘黑色的齿纹带能通过翅膀底部显示，有4个较小的眼纹。后翅呈明亮的淡蓝色，有白色和黑色光泽，内边缘呈灰色，翅边缘分布有比较宽的白色斑点链。翅反面呈棕色、灰色，分布有一些大理石纹。

后翅的4个眼状斑纹

蝶翅有淡蓝色光泽

正面

身体为黑色或深褐色

后翅为明亮的淡蓝色

分布区域： 黎明闪蝶分布于玻利维亚、秘鲁。

幼体特征： 幼虫的头部常生有突起，体节上长有一些枝刺，腹足趾钩1~3序呈中列式。幼虫大多数为毛虫，喜欢结群生活，以各种攀缘植物尤其豆科植物的叶片为食，遇到危险的时候，会从体内发出刺激性的气味赶走敌人。

雌雄差异： 雌蝶比雄蝶大，雌蝶和雄蝶翅膀上都有淡蓝色的鳞片，但雌蝶翅膀边缘有暗链白斑。

生活习性： 黎明闪蝶一般在日间活动，飞翔时十分敏捷。幼虫以攀缘植物为食，多为群集生活。成虫常以坠落的腐果以及粪便等的汁液为食。

栖息环境： 一般栖息在新热带界的热带雨林，如亚马孙原始森林。也有部分栖息于南美洲干燥的落叶林和次生林林地。飞行速度很快，姿态优雅。雄蝶有领域性，一般靠翅膀反射出的金属光泽来向其他雄蝶宣告其领域范围，防止其他雄蝶来犯。

繁殖方式： 黎明闪蝶的成虫会将卵产于其寄主植物的嫩芽上，为幼虫准备好食物和合适它们生长的地点。闪蝶卵孵化为幼虫，要吃掉大量的植物叶子。幼虫经过4~6次蜕皮，每次蜕皮为一龄，并把旧外壳吃掉。闪蝶幼虫完全成长后便会停止进食并结蛹。闪蝶科蝴蝶的蛹是头下尾上地悬吊着的，称为悬蛹。前蛹蜕去幼虫外皮，露出蝶蛹，幼虫的器具逐渐分解，重新组成闪蝶的身体。成虫性成熟后破蛹而出，此时的闪蝶十分脆弱，难以躲避天敌。

前翅顶部呈黑褐色

翅边缘的斑点链

特征鉴别： 黎明闪蝶的前足相比其他闪蝶而言是退化的，前翅有R脉5条。卵呈半圆球形、馒头形、香瓜形或钵形。黎明闪蝶鳞片的细微结构由多层立体的栅栏构成，与百叶窗的结构相似，但是更复杂一些。

| 翅展：9~11厘米 | 活动时间：白天 | 食物：坠落的腐果、粪便等的汁液 |

月神闪蝶

科属：闪蝶科、闪蝶属

月神闪蝶飞行速度比较快，身体为棕色和白色，翅面色彩鲜艳，雄蝶翅膀上经常有较宽的黑色边缘，前翅有蓝色的金属光泽，从其身体到飞翼间有一块区域呈深褐色。后翅为黑色，靠近身体有一块辉煌的蓝色区域，翅缘有蓝色的斑点链。翅膀反面为棕色，分布有大理石花纹，还缀有 4 个较大的眼纹，呈链状排列。

前翅有蓝色的金属光泽

翅面呈浅棕色

雄蝶

浅棕色的腹部

后翅边缘的蓝色斑点链

中室深褐色的区域

雌蝶

前翅边缘的斑点链

后翅上较宽的黑色边缘

身体为棕色和白色

生活习性：月神闪蝶一般在日间活动，飞行敏捷，属于完全变态。蛹的寄主大部分为忍冬科、榆科、麻类、桑科等植物。成虫的食物多为坠落的腐果、粪便等的汁液。

栖息环境：一般栖息在新热带界的热带雨林，如亚马孙原始森林。也有部分栖息于南美洲干燥的落叶林和次生林林地。飞行速度很快。雄蝶有领域性，一般靠翅膀反射出的金属光泽来向其他雄蝶宣告其领域范围，防止其他雄蝶来犯。

趣味小课堂：月神闪蝶有 3 个亚种分化，分别为月神闪蝶指名亚种、月神闪蝶卡瓦亚种和月神闪蝶幻影亚种。

分布区域：月神闪蝶分布于玻利维亚、哥伦比亚、秘鲁、厄尔多瓜和巴西等国。

幼体特征：幼虫为毛虫，幼虫头部常有突起，体节上生有枝刺。幼虫孵化出后要吃掉许多寄主植物的叶子和嫩芽，在生长过程中大多要经过 4 ~ 6 次蜕皮，幼虫每次蜕皮为一龄，并且会把旧的外壳吃掉。

雌雄差异：雌蝶翅膀为浅棕色，后翅边缘的斑点链呈黄色。雄蝶翅膀上经常有较宽的黑色边缘，前翅有蓝色的金属光泽，后翅为黑色。

| 翅展：16 ~ 18 厘米 | 活动时间：白天 | 食物：花粉，植物、腐果、粪便等的汁液 |

光明女神闪蝶

科属：闪蝶科、闪蝶属
别称：海伦娜闪蝶、光明女神蝶、赫莲娜闪蝶、蓝色多瑙河蝶

光明女神闪蝶是美丽而梦幻的蝴蝶，不仅翅色夺目，而且体态优雅。身体呈黑色，腹部较短，前翅顶部呈紫黑色，前翅两端的深蓝、湛蓝以及浅蓝色不断地变化，翅面好像蓝色的天空镶嵌着一串光环。翅反面呈褐色，分布着条纹和成列的眼状斑纹。光明女神闪蝶为秘鲁的国蝶，数量稀少，虽然经人工大量的繁殖，但依然十分珍贵，被誉为"世界上最美丽的蝴蝶"。

白色带和前翅的白斑相连接

黑色的背部

后翅边缘呈波状

前翅近边缘有一列小白斑

前翅顶部呈紫黑色

蝶翅呈闪亮的蓝色

后翅较宽的白色带蔓延到前翅

分布区域： 光明女神闪蝶分布于巴西、秘鲁、哥伦比亚等国。大部分分布于秘鲁亚马孙河流域，数量极少，十分珍贵，是秘鲁的国蝶。

幼体特征： 幼虫的头部生有突起，体节上生有枝刺。幼虫喜欢结群生活，孵化后以寄主植物的叶片和嫩芽为食。

雌雄差异： 雌雄两性异型，雄蝶呈蓝色，前翅两端有深蓝、湛蓝、浅蓝的变化，并且翅面有金属般的光泽，触角细长，腹部较短。雌蝶体形稍小，翅膀的蓝色中略带紫色。

生活习性： 光明女神闪蝶多在日间活动，飞翔时十分敏捷，领域性强。幼虫以攀缘植物为食，多为群集生活。成虫常以吸食坠落的腐果以及粪便等的汁液为食。

栖息环境： 一般栖息在新热带界的热带雨林，如亚马孙原始森林。同时，也有部分栖息在南美干燥的落叶林和次生林。

繁殖方式： 成虫产卵，其后卵孵化为幼虫，即毛虫，毛虫在生长过程中以大量植物叶子为食物，并且幼虫在此期间要经历 4~6 次蜕皮。幼虫完全成长后便停止进食，会在叶子隐蔽的地方结蛹，此时为前蛹，约一天后，前蛹褪去幼虫外皮后会露出蝶蛹。幼虫器具逐渐分解，闪蝶身体重组，最后，闪蝶成虫性成熟后破蛹而出，待翅膀完全展开后，闪蝶便可以成功飞翔。

特征鉴别： 光明女神闪蝶鳞片含有多种色素颗粒，在光合作用下会看到它显现出彩虹般的绚丽色彩。

趣味小课堂： 光明女神闪蝶曾经是尖翅蓝闪蝶的亚种，现已经为独立物种。因翅面颜色美丽，体态优美，故有"女神"之称。

| 翅展：7.5 ~ 10 厘米 | 活动时间：白天 | 食物：植物、腐果、粪便等的汁液 |

塞浦路斯闪蝶

科属：闪蝶科、闪蝶属

塞浦路斯闪蝶体形大，飞行敏捷，翅膀绚丽多彩。其身体呈黑色，雄蝶前翅正面为明亮的蓝色，前翅边缘有链状的白点，翅膀中间有一条较大的白色链形斑点，后翅呈波浪形。翅反面为浅棕色和白色，分布有大理石斑纹，前翅缀有 3 个较大的眼纹。后翅为明亮的蓝色，泛有金属光泽，飞翼上有一条白色宽带，后翅面缀有 6 个大眼纹。雌雄蝶异型，雌蝶翅膀呈橙色和黄色，翅边缘为棕色，体形比雄蝶略大。

分布区域：塞浦路斯闪蝶仅分布于巴拿马和哥伦比亚。

前翅呈亮蓝色

雄蝶

黑色的背部

前翅边缘的白点

后翅蓝色的金属光泽

白色的宽带

边缘的链状白点

栖息环境：塞浦路斯闪蝶生活在新热带界的热带雨林中，以及南美干燥的落叶林和次生林林地。较为常见的栖息区域是亚马孙原始森林。

繁殖方式：塞浦路斯闪蝶属于完全变态的昆虫，会经历卵、幼虫、蛹、成虫 4 个阶段。卵寄生于寄主植物上，孵化出幼虫，即毛虫。幼虫生长过程中会经历 4~6 次蜕皮，待幼虫完全成长后便停止进食，幼虫会为自己找一个安全的地方开始吐丝结蛹。其结蛹顺序为：由前蛹褪去外皮露出蝶蛹，蛹内器具分解组成完整的闪蝶身体。之后，成蝶破蛹而出。

趣味小课堂：闪蝶翅膀从不同的角度看，所呈现的颜色是不一样的。塞浦路斯闪蝶有两种亚种分化，一种是塞浦路斯闪蝶指名亚种，另外一种是塞浦路斯闪蝶勒拉尔热亚种。

幼体特征：幼虫的头部有突起，体节上生有枝刺，有明显的彩色"毛丛"。幼虫多为群集生活，孵化出后要吃掉大量的植物叶片和嫩芽，特别是豆科类植物。

雌雄差异：雌雄两性异型。雄蝶具有闪亮的金属般的蓝色光泽，前翅和后翅都有明亮的蓝色，翼中间有链形的白色斑点；雌蝶为橙色和黄色，没有蓝色鳞片，并且雌蝶的体形比雄蝶大。

生活习性：塞浦路斯闪蝶在日间活动，飞翔时十分敏捷。幼虫多群集生活，遇到危险时会利用身体发出的刺激性气味保护自己。

前翅中间的链形白色斑点较大

波浪形的翅缘

翅展：12 ~ 14 厘米　　　　活动时间：白天　　　　食物：腐果、粪便等的汁液

太阳闪蝶

科属：闪蝶科、闪蝶属
别称：太阳初升蝶

太阳闪蝶的整个翅面的色彩和花纹犹似东方日出，朝霞满天，在阳光下太阳闪蝶的上半身几乎是透明的。此外，其翅面有比较美好的寓意：太

阳的光芒驱走了浓浓的夜色。翅反面的花纹相对而言比较复杂。前足退化，短小无爪。太阳闪蝶还是巴西的国蝶，象征着国家的崛起和民族的昌盛。

分布区域： 太阳闪蝶分布于亚马孙河流域，以及南美洲北部的圭亚那。

幼体特征： 幼虫的头部常有突起，体节上面生有枝刺，一般群集生活，寄主植物多为忍冬科、杨柳科、大戟科、桑科、茜草科等植物。遇到危险时它们会从体内发出刺激性气味，赶走敌人。

栖息环境： 太阳闪蝶目前只存在于热带环境中。大多生存在雨林中，一般为树栖。

繁殖方式： 太阳闪蝶的卵呈半球形，成虫将卵产于寄主植物上，卵会孵化为幼虫，幼虫通过大量

翅基部颜色较浅，越往周围颜色越深

翅膀的色彩鲜艳

正面

后翅边缘的颜色接近黑色

腹面

花纹较复杂

翅面基色为灰褐色

食用寄主植物和自己的旧壳来给自己提供营养，当幼虫成熟后便会停止成长，然后开始结蛹，成虫的身体在蛹内悄悄成长，等发育成熟后成虫会破蛹而出。此时的成虫并不能独立飞行，需要等到完全展开翅膀后才可以独立飞行。

翅展：13～15厘米	活动时间：白天	食物：花粉、花蜜、植物汁液等

三眼砂闪蝶

科属：闪蝶科、闪蝶属

三眼砂闪蝶翅色鲜艳，花纹比较复杂。雌雄两性区别大。因为闪蝶鳞片结构复杂，所以在阳光下翅膀会显现出美丽的颜色，当它们聚集在一起飞舞时，雨林中便会出现蓝、绿、紫交替的光芒，十分美丽，具有较高的观赏价值。三

眼砂闪蝶反面的翅膀呈棕色，每个翅膀上有 3~4 个色彩鲜艳的眼圈纹，明亮而显眼。

分布区域： 三眼砂闪蝶分布于巴拿马、哥斯达黎加、委内瑞拉、哥伦比亚和厄瓜多尔。

幼体特征： 幼虫的头部经常有突起，体节上长有枝刺，有明显的彩色"毛丛"。它们大多群集生活，以寄主植物的叶片和嫩芽为食。

雌雄差异： 雄蝶的颜色基本为明亮的金属蓝色，有时偏蓝色。雌蝶的翅膀表面有暗灰棕色边距，且外边缘有小小的白色斑点，前

翅面呈现金属光泽

翅边缘有白色斑点

翅顶部有一个较大的黑色斑点。

繁殖方式： 三眼砂闪蝶的繁殖方式类似于其他同科属闪蝶，由产卵，孵化成幼虫，结蛹，到最后成长为可以飞翔的成虫。

栖息环境： 可栖息在热带海洋性气候、热带雨林气候中，也适应于热带草原气候和温带大陆性气候。

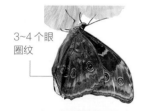

3~4 个眼圈纹

翅展：10～15厘米	活动时间：白天	食物：花粉、花蜜、植物汁液、粪便汁液等

美神闪蝶

科属：闪蝶科、闪蝶属

美神闪蝶身体呈棕色，夹杂有黑色和蓝色，前翅为明亮的蓝色且有金属光泽，前缘为黑色，翅膀的褐色边缘较宽，边缘带上缀有链状的白色斑点。后翅的蓝色较亮，内边缘为灰色，有两条橙色的斑点链。翅膀的反面为棕色和灰

色，缀有 5 个大眼纹，呈链状分布。

分布区域： 美神闪蝶仅分布于巴西。

幼体特征： 幼虫以寄主植物的叶片和嫩芽为食，一般群集生活，在生长过程中大多经过 4 ～ 6 次蜕皮，其身上的彩色"毛丛"比较明显。

雌雄差异： 雌雄两性相似，雄蝶的体形比雌蝶稍小。

生活习性： 美神闪蝶一般在日间活动，幼虫以攀缘植物中的豆科植物为食，多为群集生活。成虫常以坠落的腐果以及粪便等的汁液为食。美神闪蝶飞行速度很快。雄蝶有领域性，飞行时翅膀会反射

前翅前缘为黑色

翅面呈明亮的蓝色

内边缘为灰色

出金属光泽，以向其他雄蝶"宣示"其领域范围。

栖息环境： 美神闪蝶一般栖息在新热带界的热带雨林，以及南美干燥的落叶林和次生林地。

翅展：14 ～ 16 厘米	活动时间：白天	食物：坠落的腐果、粪便等的汁液

星褐闪蝶

科属：闪蝶科、闪蝶属

星褐闪蝶属大型蝶种，飞行速度快而敏捷。雄蝶有领域性，会用翅膀反射出的金属光泽"宣示"自己的领域范围。其整体为黑褐色，有金属般的橙褐色光泽，前翅和后翅正面的外边缘处有两列链状的斑点，为黄色或橙色。后翅为

黑褐色，外边缘呈波浪形。翅反面呈棕色和灰色，分布有 4 个较小的眼纹。

分布区域： 星褐闪蝶分布于整个南美洲。

幼体特征： 幼虫一般群集生活，寄主为各种攀缘植物，幼虫孵化出后会吃掉大量寄主植物的叶片和嫩芽。幼虫生长过程中要经过 4 ～ 6 次蜕皮。幼虫为彩色毛虫。当幼虫遇到危险时，体内的腺体会发出刺激性气味，以驱赶捕食者。

生活习性： 星褐闪蝶一般在日间活动，飞翔时十分敏捷。星褐闪蝶的寄主为忍冬科、杨柳科、桑科、榆科、麻类、大戟科、堇菜科、茜草科等植物。

栖息环境： 栖息在新热带界的热带雨林，如亚马孙原始森林。也有部分栖息于南美干燥的落叶林

金属般的橙褐色光泽

外边缘黄色或橙色的斑点

后翅外边缘呈波浪形

和次生林林地。雄蝶通常会通过翅膀反射出金属光泽来"宣示"它的领域范围。

特征鉴别： 星褐闪蝶与其他闪蝶的区别之处在于，星褐闪蝶翅膀的整体颜色比较暗。星褐闪蝶与银白闪蝶的颜色基本上是相反的。

翅展：16 ～ 18 厘米	活动时间：白天	食物：坠落的腐果、粪便等的汁液

小蓝闪蝶

科属：闪蝶科、闪蝶属

小蓝闪蝶比蓝闪蝶体形小，但也是比较大型的蝴蝶，外表华丽。其雌雄两性异型，触角细长，触角的长度约是前翅的三分之一。身体为深褐色或黑色，腹部较短，翅膀底面为褐色，分布有成列的眼斑和条纹，眼上无毛。其翅膀在阳光下会呈现出迷人的色彩。

雄蝶

细长的触角

腹部较短

后翅呈闪耀的蓝色

黑色的翅尖

前翅的蓝色金属光泽

翅膀内缘为棕色或黑色

生活习性： 小蓝闪蝶在日间活动，飞行敏捷。

栖息环境： 一般栖息在新热带界的热带雨林，如亚马孙原始森林。也有部分栖息于南美干燥的落叶林和次生林林地。

繁殖方式： 小蓝闪蝶的一生会经历 4 个阶段：卵、幼虫、蛹、成虫。成虫会将卵产于寄主植物上面，这样可以保证幼虫有充足的食物和安全的成长环境。卵孵化后，变成幼虫，幼虫在成长过程中一般都要经过 4~6 次蜕皮，并且会将旧的外壳吃掉；幼虫成熟后，开始吐丝结蛹，蛹有前蛹和蝶蛹，当露出蝶蛹时幼虫器具才会逐渐分离；最后身体重新组成，成为成虫，成虫翅膀展开后才可以飞翔。

分布区域： 小蓝闪蝶分布于巴西、委内瑞拉、哥伦比亚和秘鲁。

幼体特征： 幼虫的头部长有突起，体节上着生有枝刺。幼虫一般群集生活，以豆科植物的叶片和嫩芽为食物。幼虫在遇到危险时，腺体会发出刺激性气味来驱赶捕食者，保护自己。

雌雄差异： 雌雄两蝶的差异较大。从体形上看，雌蝶大于雄蝶。从身体特征来看，雄蝶有金属般蓝色光泽，翅膀前缘和翅尖为黑色，翅膀前缘和翅尖缀有少量的白点，后翅为闪耀的蓝色，内缘是棕色或黑色；而雌闪蝶翅膀表面为黄色和褐色，外缘是棕色，分布有链状的黄色斑点。

翅尖的白色小点

翅底面的条纹

| 翅展：10 ~ 12 厘米 | 活动时间：白天 | 食物：坠落的腐果、粪便等的汁液 |

梦幻闪蝶

科属：闪蝶科、闪蝶属
别名：梦幻月光蝶

梦幻闪蝶是闪蝶属中体形较大的，底色为黑色，翅膀上蓝色条带较宽，且颜色非常美丽。前翅边缘上有一条小的白色斑点链，后翅具有大片的蓝色区域。前翅和后翅的反面均呈深褐色，分布有大理石斑纹，前翅缀有 3 个大眼纹，后翅缀有 4 个大眼纹。

分布区域： 梦幻闪蝶分布于南美洲和中美洲的大部分地区。其中巴拿马、尼加拉瓜、哥斯达黎加、玻利维亚、哥伦比亚、秘鲁和巴西都有该蝶种。

前翅较宽的黄色部分

黄色的斑点链

翅膀底色为深褐色

雌蝶

栖息环境： 梦幻闪蝶栖息在新热带界的热带雨林中，亚马孙原始森林是它们的栖息地之一。同时，也有部分栖息在南美洲的落叶林和次生林林地。

繁殖方式： 梦幻闪蝶的一生会经历卵、幼虫、蛹、成虫 4 个阶段。成虫将半圆形的蝶卵产在它为幼虫找好的寄主植物上，这样可以给幼虫提供安全的生长环境；卵孵化为幼虫，此时幼虫靠寄主植物为生，并且幼虫会吃掉自己旧的外壳；幼虫成熟后，便会停止进食，此时幼虫会找适合自己吐丝结蛹的地方；当露出蝶蛹时，幼虫器开始分解从而重新组成新的身体，即成虫；当成虫成熟后，破蛹而出，这个过程就是一次完整的繁殖。

趣味小课堂： 梦幻闪蝶有 12 个亚种分化，分别为梦幻闪蝶指名亚种、梦幻闪蝶马拉尼昂亚种、梦幻闪蝶迪氏亚种、梦幻闪蝶玻利维亚亚种、梦幻闪蝶格拉纳达亚种、梦幻闪蝶委内瑞拉亚种、梦幻闪蝶哥伦比亚亚种、梦幻闪蝶吕克纳亚种、尼奥普托列墨斯梦幻闪蝶、梦幻闪蝶巴拿马亚种、梦幻闪蝶秘鲁亚种和梦幻闪蝶斯坦巴克亚种。

雄蝶

翅膀底色为黑色

前翅顶角附近的白色斑点

翅膀上的蓝色条带较宽

后翅外缘呈波状

深褐色的背部

幼体特征： 幼虫为毛虫，幼虫以豆科植物等多种攀缘植物的叶片为食，幼虫孵化出后要吃掉许多寄主植物的叶子和嫩芽，随着幼虫生长，一般要经过 4 ~ 6 次蜕皮，幼虫每次蜕皮为一龄。幼虫遇到危险时会通过体内散发刺激性气味来保护自己。

雌雄差异： 从体形上看，雌蝶比雄蝶要大。从身体特征上看，雄蝶有闪亮的蓝色光泽，雌蝶为深褐色，雌蝶翅膀边缘有黄色的斑点链。

生活习性： 梦幻闪蝶的活动时间为白天，飞翔十分敏捷，雄蝶的领域性比较强，它会通过翅膀反射出的金属光泽，来强烈"宣示"自己的领域范围。梦幻闪蝶的寄主多为忍冬科、桑科、榆科、麻类、茜草科等植物。成虫后的闪蝶无法访花。

| 翅展：15 ~ 17 厘米 | 活动时间：白天 | 食物：坠落的腐果、粪便、植物等的汁液 |

夜光闪蝶

科属：闪蝶科、闪蝶属
别名：夜明珠闪蝶

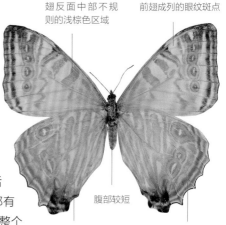

翅反面中部不规则的浅棕色区域

前翅成列的眼纹斑点

腹部较短

微微的黄色

后翅外缘呈波状

夜光闪蝶的翅面斑纹绚丽多彩，触角细长，背部为黑色，翅膀以绿白色为底色，前翅尖处呈黑色。其翅面一般呈半透明状，在适当的光线下，翅膀白色区域处可见蓝色的鳞片光泽。翅反面一般有明亮的色彩，一些眼纹斑点从淡黄色的背景反射出来。后翅后缘缀有深红色的斑点。后翅反面是淡淡的黄色，中部有一片不规则的浅棕色区域，有个别较大的眼圈纹横跨整个蝶翅，翅后缘有 3 个微红的小斑点和三角形块斑。

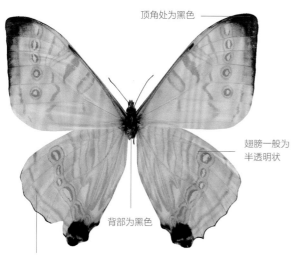

顶角处为黑色

翅膀一般为半透明状

背部为黑色

翅膀大而华丽

繁殖方式：夜光闪蝶是完全变态的昆虫。成虫会将蝶卵产在寄主植物上面，以给幼虫提供充足的食物和安全的生长环境；下一个阶段是卵孵化为幼虫，幼虫开始经历蜕皮，幼虫需要经过 4～6 次蜕皮；蜕皮后的幼虫完全生长，此时幼虫停止进食，开始为自己寻找吐丝结蛹的地方；闪蝶蛹分为前蛹和蝶蛹，前蛹蜕皮后露出的就是蝶蛹；最后蝶蛹开始进行器具分解和重组闪蝶的身体，待闪蝶展开双翅飞翔后，就成功地完成了一次繁殖。

趣味小课堂：夜光闪蝶为单一物种，无亚种分化。夜光闪蝶的产地在安第斯云林带，种群分布于秘鲁到哥伦比亚的三条山系间。

分布区域：夜光闪蝶分布于巴西、秘鲁和厄瓜多尔。

幼体特征：幼虫喜欢结群生活，遇到危险时会发出刺激性气味，以各种攀缘植物，尤其是豆科植物的叶片和嫩芽为食。

雌雄差异：雄闪蝶前足跗节上长毛，后翅中室开式。雄闪蝶翅膀上有雌闪蝶没有的金属光泽。

生活习性：夜光闪蝶在日间活动，飞行速度十分快，动作十分敏捷，属于完全变态的鳞翅目昆虫。雄闪蝶领域性比较强，它会主动向其他的闪蝶"宣示"自己的领域范围，不容许其他雄闪蝶侵占。

栖息环境：夜光闪蝶一般栖息在新热带界的热带雨林中，如亚马孙原始森林就是它们的理想之所。同时也有部分夜光闪蝶可以适应南美洲干燥的落叶林和次生林林地。

翅面可见蓝色的鳞片光泽

臀角处缀有深红色斑点

| 翅展：7.5～20 厘米 | 活动时间：白天 | 食物：腐烂的果实、粪便等的汁液 |

大白闪蝶

科属：闪蝶科、闪蝶属
别名：露娜闪蝶

　　大白闪蝶属大型蝶种，身形华丽，触角细长，腹部较短，雌雄两性异型。闪蝶翅膀上有着密密麻麻的色素鳞片，所以在光线照射下，会出现美丽的闪光。其鳞片结构越复杂，颜色越耀眼。前翅为白色，外缘有黑色斑点链，呈齿轮状，翅膀前缘有一条较短的黑褐色条纹。后翅边缘常分布着成串的黑色斑点，可通过翅膀的反面显示出来。后翅反面呈白色，翅膀前缘有两条较短的褐色条纹和 3 个黑色的小眼圈纹，后翅缀有 4 个黑色的小眼圈纹。

绿白的光泽

翅边缘成串的黑色斑点

后翅背面有成列的黑色眼斑

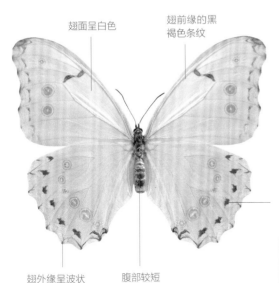

翅面呈白色

翅前缘的黑褐色条纹

翅外缘呈波状

腹部较短

翅外缘齿轮状的黑色斑点链

雌雄差异： 雄蝶身体和翅膀均为白色，雄蝶翅膀上具有金属般的绿白色光泽，其前足跗节上长毛，后翅中室开式。

生活习性： 大白闪蝶一般在白天活动，飞行速度快，动作灵敏，雄蝶的领域性比较强，它会通过翅膀反射出金属光泽来"宣示"自己的领域范围，成虫无法访花。

栖息环境： 大白闪蝶栖息在新热带界的热带雨林中，比如亚马孙原始森林，也有部分能够适应南美干燥的落叶林和次生林林地。

趣味小课堂： 大白闪蝶曾经是多音白闪蝶的亚种，目前已经成为单一物种。

分布区域： 大白闪蝶主要分布于南美洲，从墨西哥延伸到巴拿马。

幼体特征： 幼虫一般以群集生活为主，头部有突起，以各种攀缘植物为食，其中豆科类植物是它们的最爱，幼虫孵化后取食植物的叶片和嫩芽。当幼虫遇到危险时，会通过腺体发出的刺激性气味来进行自我保护。

| 翅展：13～15厘米 | 活动时间：白天 | 食物：腐果、粪便、植物等的汁液 |

傲白蛱蝶

科属：蛱蝶科、白蛱蝶属

大块的黑色区域

黑色区域有两块明显的白斑

后翅不规则的黑斑点

后翅波状的外缘

傲白蛱蝶的双翅黑白分明，是比较独特而美丽的蝶种。它们飞行迅速，喜欢在密林中活动，其翅膀为白色，前翅顶端有一块较大的黑色区域，里面镶嵌着两个明显的白斑点。在前后翅连接处有乳黄色的斑块，后翅有不则的黑斑

点，边缘呈波状。

分布区域： 傲白蛱蝶分布于我国陕西、浙江、四川、福建、江西等地。

幼体特征： 傲白蛱蝶幼虫的体色有区别，可分为绿色型和褐色型两种，从蜕皮进入二龄后，幼虫的头上便开始长出鹿角般的长角，五龄幼虫身体外形较特别。

生活习性： 傲白蛱蝶飞行十分迅速，一年可以发生两个世代，5～10月都可以看到成虫活动，尤其是6月和7月数量最多。蛱蝶蛹常常悬挂在朴树的叶子背面，或是嫩枝条上面。

栖息环境： 傲白蛱蝶栖息在温带大陆性气候的环境中。

特征鉴别： 傲白蛱蝶拥有独特的蝶卵，蝶卵表面散布着黑斑，在蝶卵中非常少见。傲白蛱蝶的悬蛹是翠绿色的，形状侧扁，腹部第一节背面有突出的角。

| 翅展：6.9～7.5厘米 | 活动时间：白天 | 食物：树干上流出的发酵的树汁 |

八目丝蛱蝶

科属：蛱蝶科、丝蛱蝶属
别名：白色小思思

翅面浅黄或乳白色

前翅呈三角形

臀角呈黄色

翅外缘中部尾状的突起

八目丝蛱蝶体形大多为中至大型，少数为小型。八目丝蛱蝶本科蝴蝶翅膀的形状丰富多变，有一些蛱蝶顶角呈尖形，并且有一些突出，而有的是尾部突出，个体间的差异比较大，翅膀表面颜色也非常丰

富。复眼裸出，有的长毛；下唇须粗壮；触角较长，端部呈锤状，基部有两条沟。前足退化，基本上没有用处。

分布区域： 八目丝蛱蝶在国内主要分布于海南；在国外分布于泰国、马来西亚、越南、老挝。

幼体特征： 幼虫身体呈长圆筒形，头部较小。

雌雄差异： 雌蝶的体形要比雄蝶大一些。雌蝶翅面呈半透明状，颜色为浅黄或乳白，有深色的细纹；雄蝶的翅面则为灰褐色，前

翅呈三角形，前后翅中部有一条白色的宽带贯通，后翅近三角形，翅膀外部有一列眼状纹，翅外缘中部有尾状的突起，臀角缀有明显的黑斑。

| 翅展：4.5～5.5厘米 | 活动时间：白天 | 食物：花蜜、果实的汁液、树汁等 |

白双尾蝶

科：蛱蝶科

白双尾蝶身躯较为粗壮，背部呈灰白色、绿黄色至白色，翅膀反面呈淡蓝色，上面分布着褐色、绿色和深蓝色的斑点，花纹差异较大。触角长，雌雄两性异型。后翅缘有黑斑点，翅缘斑纹各不相同，

后翅尾部突起，与非洲双尾蝶相似。外形美观，具有很高的观赏价值。

分布区域：白双尾蝶分布于北印度地区、巴基斯坦，一直到缅甸。

幼体特征：白双尾蝶幼虫的头部长有独特的带角的头，幼虫的食料植物暂不详。

雌雄差异：雄蝶前翅呈灰白色，翅端有三角形状的黑色斑。雄蝶为一跗节，雌蝶为四至五跗节。

生活习性：白双尾蝶一般在日间活动，飞行动作敏捷，姿态优美。

前翅翅端有三角形的黑色斑　　　翅面呈灰白色

雄蝶

后翅特有的尾状突起

粗壮的身体

翅边缘有黑斑点

栖息环境：白双尾蝶主要栖息在热带季风气候的环境中。

特征鉴别：成虫的下垂区十分粗壮，端部有明显的加粗，呈锤状，复眼裸出，部分有毛，中胸发达。

翅展：9.5 ~ 10 厘米	活动时间：白天	食物：花蜜、果汁、树汁等

白弦月纹蛱蝶

科：蛱蝶科

白弦月纹蛱蝶具有变异性：第一代白弦月纹蛱蝶比第二代显得明亮，而且翅膀的色彩更加艳丽，其背部为黑褐色，触角稍长，端部膨大呈锤状，前翅呈黄褐色，分布有黑色的斑点和斑块，有波浪形的轮廓。后翅中部附近也分布有黑色斑块，背面的图案像一片枯叶，后翅有一个白色的逗号形或"C"形斑纹，其名字由此得来。

分布区域：白弦月纹蛱蝶的分布

由欧洲至北非，贯穿亚洲温带。

幼体特征：幼虫黑色的身体生有刺，背部分布有橙褐色的线纹和大白斑。幼虫以刺荨麻和蛇麻草为食。

生活习性：白弦月纹蛱蝶一般在日间活动，飞行敏捷，成虫比较喜欢访花。

栖息环境：白弦月纹蛱蝶一般栖息在温带气候的环境中。

繁殖方式：白弦月纹蛱蝶属于完全变态昆虫，其繁殖方式经历了4个阶段，分别为产卵、孵化、结

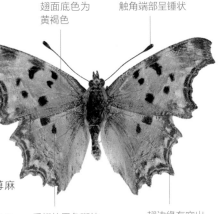

翅面底色为黄褐色　　　触角端部呈锤状

后翅的黑色斑块

翅边缘有突出

蛹和羽化。

特征鉴别：白弦月纹蛱蝶类似于老豹蛱蝶，但颜色要比老豹蛱蝶更深一些。白弦月纹蛱蝶的保护色为棕色。

翅展：4.5 ~ 6 厘米	活动时间：白天	食物：花蜜、植物汁液等

白带锯蛱蝶

科属：蛱蝶科、锯蛱蝶属

黑色外缘的
白色齿形纹

雌蝶

后翅有 4 ～ 5 列
黑色的斑点

白带锯蛱蝶色彩艳丽，观赏性极强。前翅正面亚顶区为黑色，上面带有白色的斜带。翅膀底面的中室内有 6 条黑色的横线。白带锯蛱蝶喜爱访花，在生态系统中有积极的作用。

分布区域：白带锯蛱蝶分布于我国海南、云南、广东、四川，以及泰国、马来西亚、印度尼西亚等国。

幼体特征：初龄幼虫身体半透明，呈圆柱形，体表由浅黄色渐变为褐黄色，头部为黑色。二至三龄幼虫在叶背取食，四至五龄幼虫在叶面取食。幼虫在蜕皮前会集体转到新叶片嫩茎上，等待蜕皮。其体表环纹由红色、黑色、白色相间组成，环纹十分显眼。

雌雄差异：雄蝶翅膀正面为橘红色，前后翅边缘上带有黑色锯齿状、上面还有齿形白色的纹路。

前翅有大块
的白色斜带

雄蝶

前翅顶端
为黑色

翅膀正面
为橘红色

翅外缘的黑
色锯齿状

黑色的小圆斑

黄色的腹部

雌蝶后翅的翅面为白色，中域往下有 4 ～ 5 列的黑色斑。

生活习性：白带锯蛱蝶一般在白天活动，飞行动作缓慢，飞行高度低，大多会选择在林缘地带、灌木丛和林窗活动。交尾的时间一般在早上 8 点左右。

栖息环境：栖息在丛林中，比较适合在温暖的气候下生活。

繁殖方式：白带锯蛱蝶的繁殖需要经历产卵、孵化、结蛹和羽化 4 个阶段。成虫将卵产于寄主植物上。白带锯蛱蝶与其他蝶种不同的是，它们的卵刚开始是淡黄色的，快要孵化时会变成浅黑褐色；接着卵孵化为幼虫，卵孵化时幼虫用头部顶破卵盖出来，幼虫通过吃自己的旧壳和植物慢慢成长；成长成熟后的幼虫便停止进食，开始吐丝结蛹；最后蛹内的器具分解重组，以形成新的身体，这样新的蛱蝶就诞生了。

趣味小课堂：白带锯蛱蝶在不同时期有不同的天敌，卵期的天敌是各种蚂蚁，幼虫时期的天敌主要是蜘蛛、螳螂、猎蝽和小鸟等。

观赏价值：白带锯蛱蝶由于飞行缓慢优美，所以常被放在生态蝴蝶园内观赏，也可以在喜庆场合进行放飞。因为其美丽的外观，所以也广泛应用于工艺品制作中。

| 翅展：5 ～ 7 厘米 | 活动时间：白天 | 食物：花粉、花蜜等 |

蓝闪蝶

科属：闪蝶科、闪蝶属
别名：蓝摩尔福蝶、大蓝闪蝶、蓝色妖姬

　　蓝闪蝶是热带蝴蝶，翅膀上有蓝色金属光泽，在光线照射下会产生彩虹般绚丽的色彩。硕大的翅膀能让蓝闪蝶在空中快速飞行。翅反面呈斑驳的棕色、灰色、黑色或红色，与树叶比较相似，前翅缀有 3 个明显的眼纹，后翅则有 4 个大眼纹，翅外缘呈波状。蓝闪蝶的翅膀上布满了各种形状的鳞片，在雨林中一起飞舞时会闪耀出蓝色、绿色、紫色的光泽。

翅基色为棕褐色

前翅边缘有两列白点

雌蝶

从基部到中间为蓝色

后翅的小白斑

前翅顶端边缘呈黑褐色

雄蝶

翅膀正面呈蓝色

分布区域：蓝闪蝶主要分布于中美洲和南美洲，如巴西、哥达加斯加、委内瑞拉等。

幼体特征：幼虫具有明显的彩色"毛丛"，幼虫喜欢群体生活，寄主植物多为忍冬科、杨柳科、榆科和茜草科等植物，孵化出来后要吃掉大量寄主植物的叶片和嫩芽。幼虫遇到危险时，会通过腺体发出刺激性气味来保护自己。

雌雄差异：雄蝶的翅膀正面呈蓝色，前翅顶端边缘呈黑褐色。雌蝶翅基为棕褐色，从基部到中间为蓝色，前翅近外缘有两列白斑点，后翅有一列小白斑。

生活习性：蓝闪蝶通常在白天活动，飞翔十分敏捷。蓝闪蝶的特别之处是它们会利用自己的色彩优势保护自己，当遇到危险时，它们会通过振动翅膀产生闪光现象来吓走敌人，蓝闪蝶在保护自己时会做些伪装，它们在休息的时候会折翅，使得翅膀颜色和树叶一致，这样不容易被天敌发现。雄蝶具有领域性。

栖息环境：蓝闪蝶栖息在新热带界的热带雨林中，如亚马孙原始森林，也有一部分栖息在南美干燥的落叶林和次生林林地。一般生活在热带雨林的树冠里，偶尔为了找寻食物，也会冒险飞到地面。

趣味小课堂：蓝闪蝶的飞翔方式比较特别，它们可以使翅膀蓝色的一面在一段时间内只快速地显示一次，可谓十分聪明。

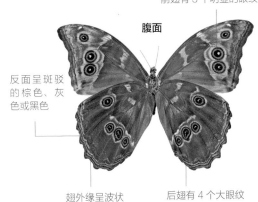

前翅有 3 个明显的眼纹

腹面

反面呈斑驳的棕色、灰色或黑色

翅外缘呈波状

后翅有 4 个大眼纹

翅展：13 ~ 17 厘米	活动时间：白天	食物：成熟热带水果的汁液

黑框蓝闪蝶

科属：闪蝶科、闪蝶属
别名：黑框蓝摩尔福蝶、蓓蕾闪蝶

前翅有纯黑色的内缘

后翅暗色的外缘宽厚

黑框蓝闪蝶翅膀的色彩鲜艳，花纹复杂。前足退化。有半圆球形、馒头形、香瓜形或钵形的卵。因为闪蝶的翅膀上有结构复杂的鳞片，所以当光线照射到翅膀上时，会散发出光彩夺目的色彩。

分布区域： 黑框蓝闪蝶分布于中美洲和南美洲。

幼体特征： 幼虫头部有突起，体节上生有枝刺，有彩色的"毛丛"，并且有一个尾叉。幼虫一般结群生活，以剑叶莎、茅蒉木属和其他豆科植物的叶子为食。幼虫遇到危险时，会通过体内腺体发出的刺激性气味来保护自己。

雌雄差异： 雄蝶翅上有绚丽的蓝色金属般光泽。前翅和后翅的外缘宽厚，呈暗色，前翅有纯黑色的内缘，翅缘呈波浪形，翅外缘有小白边，后翅内缘有宽的黑褐色带。雌蝶正面的蓝色比雄蝶的要淡些。其翅膀反面的底色为褐色，翅面图案独特而醒目，前翅有 3 个黑圈套黄圈的眼纹，翅缘呈黑色，分布有细微的白色斑点。后翅有 4 个大眼纹，其中前缘的眼纹最大，其余 3 个连在一起。

生活习性： 黑框蓝闪蝶从卵到成虫需要 115 天。它们主要吸取发霉果实的汁液为食。黑框蓝闪蝶的毛虫同类相食，当它们遇到掠食者的时候，会聚集在一起共同抵抗。

栖息环境： 黑框蓝闪蝶栖息在南美洲的雨林中，以树栖为主。

前翅边缘为黑褐色

翅上有蓝色金属光泽

雄蝶

边缘有呈链状的小白点

边缘呈波浪形

后翅内缘有宽的黑褐色带

身体呈黑色

翅展：7.5 ~ 20 厘米　　　活动时间：白天　　　食物：腐果汁液、植物汁液等

尖翅蓝闪蝶

科属：闪蝶科、闪蝶属

前翅近三角形，顶端狭长

棕色的身体有黑褐色斑点

尖翅蓝闪蝶属大型而华丽的蝶种，雌雄两性异型，身体呈棕色，翅膀一般为半透明状，前翅近三角形，前缘为黑色，翅面几乎完全被蓝色覆盖，端部区域呈黑色，并且向外凸出，有白色的斑点和翅膀外边缘相平行。后翅近方形，后翅翅面的大部分呈蓝色，接近身体的区域为棕色。翅反面的色调为棕色，有白色斑点位于前翅的顶端，后翅紧贴身体的内部区域为深褐色。

雌雄差异： 雄蝶的翅膀有蓝色、绿白色、橙褐色的光泽，雄蝶前足跗节上长毛。雄蝶的正面和侧面都是蓝色的，雌蝶的正面和侧面都是褐色的。

生活习性： 尖翅蓝闪蝶一般都在白天活动，飞行动作敏捷。雄蝶有领域性，并且会主动向其他雄蝶"宣示"自己的领域范围。

栖息环境： 尖翅蓝闪蝶栖息在像亚马孙原始森林这样的热带雨林中，也有一些可以适应南美干燥的落叶林和次生林林地。

趣味小课堂： 尖翅蓝闪蝶的亚种分别为尖翅蓝闪蝶、卡西美蓝闪蝶和海伦闪蝶。

前翅几乎完全覆盖蓝色

后翅近方形　　翅膀内缘呈棕色

翅膀一般为半透明状

前缘为黑色

翅膀外边缘有白色斑点

分布区域： 尖翅蓝闪蝶分布于新热带界的热带雨林中，从秘鲁延伸到哥伦比亚、圭亚那和苏里南。

幼体特征： 幼虫寄主多为桑科、榆科、忍冬科、大戟科、堇菜科、杨柳科等植物。幼虫大多为群集生活，孵化出后会吃掉大量寄主植物的叶片，生长过程中一般会经过 4 ~ 6 次蜕皮。幼虫的头部有突起的部分，幼虫有明显的彩色"毛丛"。当幼虫遇到危险时，会通过腺体发出的刺激性气味来保护自己。

翅展：4 ~ 17 厘米	活动时间：白天	食物：腐烂果实的汁液

白星橙蝶

科属：蛱蝶科、串珠环蝶属

别名：褐串珠环蝶

　　白星橙蝶是一种不太显眼的蝶种，触角细长，躯体为橙褐色，腹部分布有绒毛。雌雄蝶的翅膀正面全部为橙褐色，后翅内缘有绒毛，翅形呈椭圆形。翅膀反面为暗褐色，沿着前翅和后翅的边缘缀有黑

褐色的线纹和白点。

分布区域：白星橙蝶主要分布于印度、缅甸、马来西亚。

幼体特征：幼虫身体为淡绿色，长有毛，以野生芭蕉的叶片为食物。

生活习性：白星橙蝶一般在日间活动，飞行姿态优美，动作敏捷。

栖息环境：白星橙蝶栖息在丛林地区。

繁殖方式：白星橙蝶属于完全变态昆虫，它们的繁殖需要经历4个阶段，即产卵、孵化、结蛹和羽化。成虫将卵产于寄主植物

触角细长

正面

橙褐色的色彩延伸到躯体上

橙褐色的翅膀

上，经过一段时间后卵孵化为幼虫，幼虫经过大量进食，开始成长发育，等到幼虫成熟后便开始结蛹，成虫的身体部位在蛹内成长发育，成熟后便可以破蛹而出。

翅展：6 ~ 7.5 厘米	活动时间：白天	食物：花粉、花蜜、植物汁液等

白阴蝶

科：蛱蝶科

　　白阴蝶的背部为黑褐色，胸部和背部两侧呈绒毛状，腹部细且长，翅膀上的图案变异较大，但都是独特的黑色和白色，个别类型的蝶种底色为深黄色，通过独特的花格图案能和其他的种类加以区分。

分布区域：白阴蝶分布于欧洲、北非和西亚。

幼体特征：幼虫的躯体为淡褐色和黄绿色，背上长有暗色的线条，幼虫以牧场草为食。

雌雄差异：白阴蝶雌蝶和雄蝶两性相似，比较难区分，雌蝶的体

形比雄蝶要大，雌蝶身体的颜色比雄蝶要淡一些。

生活习性：白阴蝶一般都在白天活动，夏季时活动频繁，喜欢访蓟属和矢车菊属的花。

栖息环境：白阴蝶的栖息环境以温带地区为主。

繁殖方式：白阴蝶是完全变态的昆虫，它们的繁殖会经历4个阶段，即产卵、孵化、结蛹和羽化。成虫将卵产于寄主植物上面，一段时间后卵孵化为幼虫，幼虫发育成熟后便开始结蛹，成虫身体各部位在蛹内成长发育，等到成

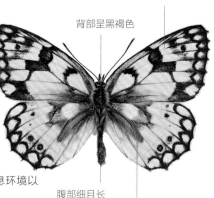

蝶翅上有独特的花格形图案

背部呈黑褐色

腹部细且长

胸部两侧呈绒毛状

虫的身体发育成熟后便可以破蛹而出。

翅展：4.5 ~ 5.5 厘米	活动时间：白天	食物：花粉、花蜜、植物汁液等

豹斑蝶

科属：斑蝶科、豹斑蝶属

触角端部
呈锤状

雄蝶

前翅黑色
的圆斑点

后翅外边缘
呈波浪形

独特的黑色
条纹

豹斑蝶的触角细长，端部膨大呈锤状，雄蝶前翅棱角分明，具有独特的黑色条纹，上面还有发香鳞。雌蝶翅膀多为橙色，翅膀表面有花豹般橙色的底色和黑色的斑点。后翅反面以绿色为主，似有"镀银"的光彩。

分布区域：豹斑蝶分布于欧洲、北非，横贯亚洲温带地区。

幼体特征：幼虫身体呈暗褐色，背上有两条橙黄色的条纹和红褐色的小刺，以堇菜的叶子为食。幼虫一般在晚间出来觅食，寒冷的冬天，它们会在白天出来，停留在干枯的树叶上晒太阳。

雌雄差异：雄蝶颜色格外鲜艳，翅膀上带有闪亮的橙色，这样可以吸引配偶。雌蝶的颜色通常为褐色、黑色、白色，颜色没有雄蝶那么引人注目。

生活习性：豹斑蝶一般在日间活动，飞行能力特别强，比较活跃。它们进化出了与环境相融的伪装色彩，这样可以保护自己，躲避掠食者。它们喜好访花吸蜜。

栖息环境：豹斑蝶栖息在中、高海拔山区，落叶林地，特别喜欢栖息在针叶林内的榉树上。

| 翅展：5.4 ~ 7 厘米 | 活动时间：白天 | 食物：花粉、花蜜、植物汁液等 |

波纹翠蛱蝶

科属：蛱蝶科、翠蛱蝶属

前翅外缘为
波浪状

翅膀为灰褐色或
灰绿褐色

躯体呈黑色

后翅白色的中斑列

波纹翠蛱蝶属于南方大型翠蛱蝶，躯体呈黑色，翅膀为灰褐色或灰绿褐色，分布有黄色或白色的斑纹，轮廓较为明显。前翅外缘呈波状，中部稍微向内凹，亚顶角缀有一大一小 2 个白色的斑点。后翅中斑列的外侧分布有黑斑点，亚缘的黑色阴影明显，白色横带外侧没有绿色带。

分布区域：波纹翠蛱蝶分布于我国大部分地区，包括陕西、河南、湖北、江西、湖南、浙江、云南、重庆、贵州、广西、广东、香港、福建和台湾。还有部分分布于日本、越南、缅甸、泰国、马来西亚、印度等国家。

幼体特征：幼虫以金鱼草、水蓑衣属植物为食。

雌雄差异：波纹翠蛱蝶基本上是雌雄同型。

生活习性：波纹翠蛱蝶一般在日间活动，飞行迅速。在我国一般 7 月左右可以看到波纹翠蛱蝶。

栖息环境：波纹翠蛱蝶栖息在低山地带的路旁或是荒芜的草地上。

| 翅展：5 ~ 6 厘米 | 活动时间：白天 | 食物：花粉、花蜜、植物汁液等 |

橙色蛇目蝶

科属：蛱蝶科、蛇目蛱蝶属

触角细长，端部膨大呈锤状

金褐色的前翅

蛇目蝶通常为中、小型蝶种。橙色蛇目蝶触角细长，端部膨大呈锤状，身体较长。其前翅和后翅均为金褐色，前翅的边缘呈褐色，前翅反面和正面的图案相似，颜色稍淡。后翅边缘有一个眼圈纹，且有淡

灰褐色的外圈，眼纹上方有一块不规则的黄色斑块。

分布区域： 橙色蛇目蝶分布于澳大利亚北部和东部地区。

幼体特征： 幼虫身体呈粉褐色，分布有颜色较暗的线纹，头部长有一对尖角，而且有毛。幼虫以草类为食。

生活习性： 蛇目蝶一般在日间活动，它们喜食腐烂的果实和动物的粪便。

栖息环境： 蛇目蝶栖息的地方大多为阴暗潮湿的森林。

繁殖方式： 橙色蛇目蝶是完全变态的昆虫。成虫将卵产于寄主植物上，一段时间后卵孵化为幼虫，

细长的身体

后翅边缘的眼圈纹

黄色的斑块

幼虫以植物和自己的旧外壳为食，幼虫成熟后便停止进食，停止进食后的幼虫便开始找地方结蛹，成虫的身体部位在蛹内发育，发育成熟后破蛹而出。

| 翅展：3~4厘米 | 活动时间：白天 | 食物：腐烂的果实、动物粪便的汁液 |

大豹斑蝶

科属：斑蝶科、豹斑蝶属

触角细长，端部膨大呈锤状

前翅的黑斑点

大豹斑蝶的体形较大，触角细长，端部膨大如锤状，大豹斑蝶前翅外缘分布着特有的豹纹蝶斑纹，后翅外缘呈波浪形。其翅膀的反面为淡橙色，且前后翅分别缀有黑斑和银斑。

分布区域： 大豹斑蝶分布于加拿大南部到美国新墨西哥州西部和佐治亚州一带。

幼体特征： 幼虫的身体为黑色，腹部长有橙色的刺，以堇菜叶为食。

雌雄差异： 雌蝶前翅和后翅的基部的一半弥漫了浓厚的黑色，雄蝶的这种弥漫色彩则不明显。

生活习性： 大豹斑蝶与大部分蛱蝶活动时间不一样，它们主要在夜间活动。

栖息环境： 大豹斑蝶主要栖息在以温带大陆性气候为主的地区。

后翅外缘呈波浪形

前翅近外缘的豹纹蝶斑纹

繁殖方式： 大豹斑蝶也是完全变态昆虫。成虫先将卵产于寄主植物上，接着卵孵化为幼虫，幼虫成长成熟后会停止进食开始结蛹，成虫的身体部位在蛹内慢慢发育，等到发育成熟才会破蛹而出。

| 翅展：6.2~8.8厘米 | 活动时间：夜晚 | 食物：花蜜，腐烂果实、植物等的汁液 |

美洲黑条桦斑蝶

科：斑蝶科
别名：副王蛱蝶

翅脉有暗色的粗边

橙色的花纹

白色的斑点

后翅有一条黑线贯通各翅脉

　　美洲黑条桦斑蝶和大桦斑蝶外形极其相似，常被视作大桦斑蝶的拟态。其翅面分布有黑色和橙色的花纹，翅脉有暗色的粗边，和大桦斑蝶不同的是，美洲黑条桦斑蝶后翅有一条贯通各翅脉的黑线。

分布区域：美洲黑条桦斑蝶分布

于加拿大北部至美国、墨西哥。

幼体特征：幼虫身体混杂有橄榄绿色和褐色，头部后面生有一对短硬的毛刺，幼虫以柳树和近缘的落叶树树叶为食。

生活习性：美洲黑条桦斑蝶一般在日间活动，春季至秋季可以看见它们飞翔。

栖息环境：美洲黑条桦斑蝶主要栖息在落叶林中。

繁殖方式：美洲黑条桦蛱蝶属于完全变态昆虫，它们的繁殖会经历4个阶段，即产卵、孵化、结蛹和羽化。

趣味小课堂：美洲黑条桦斑蝶是无毒的，但是由于它们的外表酷似有毒的黑脉金斑蝶，鸟类和其他捕食者都会对其敬而远之。

| 翅展：7～7.5厘米 | 活动时间：白天 | 食物：花蜜、甘露、果实汁液、植物汁液等 |

欧洲地图蝶

科：蛱蝶科
别名：蜘蛛蝶

春季型

前翅暗褐色的斑块

橙色的翅膀

近后缘有一列蓝色的斑点

　　欧洲地图蝶翅膀上的图案和色彩都比较美丽，春季型和夏季型差异较大。其春季型翅膀为橙色，前翅和后翅均分布有暗褐色的斑块，后翅外缘部有尾状的突起，近后缘有一列蓝色的斑点。夏季型的翅膀呈巧克力色，

前后翅均有白色带。

分布区域：欧洲地图蝶分布于欧洲和亚洲。

幼体特征：欧洲地图蝶幼虫身体呈黑色，长有毛刺。幼虫以荨麻的叶片为食。

生活习性：欧洲地图蝶的活动时间一般在日间。成虫比较喜欢访花。

栖息环境：欧洲地图蝶栖息在温带地区。

繁殖方式：欧洲地图蝶属于完全变态昆虫。成虫将卵产于寄主植物上面，经过几天时间之后卵孵化为幼虫，幼虫会大量进食，主要以寄主植物和自己的旧外壳为

食，幼虫成长结束后便停止进食，寻找合适的地方结蛹，成虫的身体在蛹内发育成熟，成熟后的成虫会破蛹而出。此时成虫还不具备飞行的能力，等到成虫完全展开翅膀后才可以飞行。

| 翅展：3～4厘米 | 活动时间：白天 | 食物：花蜜、发酵果实、植物等的汁液 |

透翅蛱蝶

科：蛱蝶科

翅膀正面呈淡绿色

前翅外缘呈波浪形

触角细而且长

后翅外缘中部黑色的尾状突起

透翅蛱蝶触角细且短，翅膀正面呈淡绿色，分布有独特的黑斑，前翅和后翅的外缘均呈波浪形，后翅外缘中部有黑色的尾状突起。翅膀反面和正面颜色相似，分布有橙褐色的线纹。

分布区域：透翅蛱蝶分布于巴拿马至墨西哥之间。

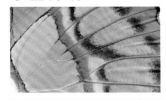

幼体特征：幼虫身体呈黑色，身体从生下来就带有红刺。幼虫基本上以芦莉草属植物为食。

生活习性：透翅蛱蝶的活动时间一般在日间，在热带地区常年都可以看见它们。

栖息环境：透翅蛱蝶栖息在热带雨林中。

繁殖方式：透翅蛱蝶是完全变态的昆虫，它们的繁殖会经历4个阶段，即产卵、孵化、结蛹和羽化。成虫将卵产于寄主植物上，一段时间后卵孵化为幼虫，幼虫以植物和自己的旧外壳为食，幼虫成熟后便停止进食，停止进食

后的幼虫开始找地方结蛹，成虫的身体部位在蛹内发育，发育成熟后破蛹而出。

观赏价值：透翅蛱蝶是世界最美的蝴蝶之一。蝶如其名，它们的翅膀近乎透明。

翅展：6～8厘米	活动时间：白天	食物：花蜜，发酵果实、植物等的汁液

星斑透翅蝶

科：蛱蝶科

灰白色的前翅呈半透明状

白色的后翅

后翅边缘的黑色宽带缀有白斑

星斑透翅蝶有半透明的前翅，后翅为白色，边缘的黑色带较宽，缀有红色斑点。翅反面和正面相似，后翅的黑色边带内有较大的白色斑。

分布区域：星斑透翅蝶的分布区域为印度尼西亚至巴布亚新几内亚，包含斐济和澳大利亚。

幼体特征：幼虫黄褐色的身体缀有凸出的蓝黑斑，并有黑色的分支刺。幼虫以西番莲的叶片为食。

雌雄差异：雌蝶和雄蝶两性相似，不过雌蝶的体形要比雄蝶的体形大一些，这也是区别它们的特点之一。

生活习性：星斑透翅蝶一般在日间活动，成虫比较喜欢访花。

栖息环境：星斑透翅蝶栖息在热带和温带地区，主要栖息在落叶林中。

繁殖方式：星斑透翅蝶是完全变态昆虫，它们的繁殖会经历4个阶段，即产卵、孵化、结蛹和羽化。成虫将卵产于寄主植物上面，经过几天时间之后卵孵化为幼虫，幼虫会大量进食，主要是以寄主植物和自己的旧外壳为食，幼虫

成长结束后便停止进食，寻找合适的地方结蛹，成虫的身体在蛹内发育成熟，成熟后的成虫会破蛹而出。此时成虫还不具备飞行的能力，等到成虫完全展开翅膀后就可以飞行了。

翅展：5～6厘米	活动时间：白天	食物：花蜜，腐烂果实、植物等的汁液

亚洲褐蛱蝶

科：蛱蝶科

前翅有弥散的白灰色带

边带的"V"形纹饰

后翅的白色斑纹

亚洲褐蛱蝶的雌蝶较大，翅膀呈暗褐色，分布着黑褐色的斑纹，前翅有弥散的白灰色带，边带分布有"V"形纹。后翅较圆。前后翅上缀有不同程度的白色斑纹。其雌雄两性的翅膀反面均呈淡褐色，翅边缘有黑斑组成的条带，翅基部点缀数个黑色的圆环。

分布区域： 主要分布于印度、斯里兰卡和中国，也有部分分布于马来西亚和印度尼西亚。

幼体特征： 幼虫的身体呈绿色，背部带有黄色条纹，这也是亚洲褐蛱蝶比较特别的地方。幼虫的食物通常为杧果和腰果树叶。

雌雄差异： 亚洲褐蛱蝶的雌雄两性没有太明显的差距，不过从体形来区分的话，雌蝶的身体是要比雄蝶大一些。

生活习性： 亚洲褐蛱蝶一般在日间活动，成虫喜欢访花。

栖息环境： 亚洲褐蛱蝶珠主要栖息在热带雨林、落叶林中。

繁殖方式： 亚洲褐蛱蝶是完全变态类昆虫，它们的繁殖产卵、孵化、结蛹和羽化经历 4 个阶段。

翅展：5.5 ~ 6 厘米	活动时间：白天	食物：花蜜、腐烂的果实、植物汁液等

一字蝶

科：蛱蝶科

触角细长

翅膀呈黑褐色

后翅中部的白色斑块

一字蝶背部呈黑色，触角细长，翅膀正面全是黑色和白色，反面分布有红褐色和白色的花纹，后翅内缘是淡蓝色，后翅近外缘有两列黑色的斑点。

分布区域： 一字蝶主要分布于欧洲，也有一些分布于亚洲。

幼体特征： 幼虫背部生有两排褐色的刺，头部也生有相同颜色的刺，整个虫体上部为绿色，下部为褐色。幼虫以忍冬属植物为食。

雌雄差异： 一字蝶雌雄两性相似。

生活习性： 一字蝶一般在日间活动，它们通常在初夏和仲夏时期活动比较频繁，喜欢访花。

栖息环境： 一字蝶主要栖息在温带地区。

繁殖方式： 一字蝶是完全变态类昆虫，它们的繁殖会经历卵、孵化、结蛹和羽化 4 个阶段。成虫将卵产于寄主植物上，一段时间后卵孵化为幼虫，幼虫以植物和自己的旧外壳为食，幼虫成熟后便停止进食，停止进食后的幼虫便开始找地方结蛹，成虫的身体部位在蛹内发育，发育成熟后破蛹而出。

观赏价值： 一字蝶的翅膀整体呈黑色，布满黑色鳞片，呈现丝绒光泽。有一条较宽的白色斑列贯穿前后翅，呈"一"字形，一字蝶的名字由此而来。

翅展：5 ~ 6 厘米	活动时间：白天	食物：花粉、花蜜、植物汁液等

大帛斑蝶

科属：斑蝶科、帛斑蝶属
别名：大白斑蝶

大帛斑蝶的体形硕大，其触角和躯体均细而且长，翅膀较大，呈半透明的灰白色，翅脉纹全部呈黑色。前翅有白色锯齿状的细纹与翅缘平行，后翅的外廓略呈棱角形。在前后翅的外缘，有一排白斑位于黑边中，呈现出波纹的效果，各脉室中均匀地散布着较大的黑色斑点，常有黄色向着翅基部弥漫。

幼体特征： 幼虫的身体呈天鹅绒黑色，缀有淡黄色的窄环和红色斑点，背部立着4对黑须。幼虫以夹竹桃科的爬森藤属、牛皮消属植物的叶片和嫩芽为食。幼虫取食形成的毒性会累积在体内，形成一种天然的保护，所以捕食者通常都会对大帛斑蝶的幼虫敬而远之。

前翅锯齿状的白色细纹和翅缘平行

躯体细而且长

翅脉纹为黑色

栖息环境： 大帛斑蝶一般栖息在温带和亚热带地区，正常情况下一年四季都能见其身影，但是以春季和秋季更为常见。

细长的触角

翅外缘黑边中有一排白斑

后翅的外廓略呈棱角形

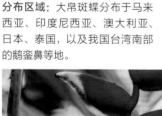

雌雄差异： 大帛斑蝶雌蝶和雄蝶的色彩斑纹都很相似。

生活习性： 大帛斑蝶一般都在白天活动，它们飞行缓慢，通常会平展翅膀在花丛中盘旋遨游。它们不易被干扰，所以很容易就被徒手捉取，因此人们喜欢叫它"大笨蝶"。大帛斑蝶的飞行方式就像是我们常见的风筝，所以别名"纸风筝"。

各翅脉室中散布着黑色大斑点

常有黄色向着翅基部弥漫

翅膀呈半透明的灰白色

色彩和花纹延伸到躯体上

分布区域： 大帛斑蝶分布于马来西亚、印度尼西亚、澳大利亚、日本、泰国，以及我国台湾南部的鹅銮鼻等地。

趣味小课堂： 大帛斑蝶是蛱蝶科下斑蝶亚科中的一种。蝶类幼虫大部分以植物叶片、嫩芽、花蕾为食，少数的幼虫是肉食性的。

观赏价值： 夏天，在我国台湾垦丁有很多的大帛斑蝶，形成了恒春半岛美丽的夏日自然景观。因其悠闲不被打扰的状态，成了最适合入门者欣赏的蝴蝶之一。

| 翅展：12～14厘米 | 活动时间：白天 | 食物：花蜜，腐烂果实、植物等的汁液 |

白纹毒蝶

科：蛱蝶科

触角细而长

身躯稍长

独特的扇形
斑纹

后翅有绿色
斑纹的蝶型

　　白纹毒蝶的触角细长，身躯稍长，主要有三种色型，分别为橙色型、蓝色型和绿色型，这三种色型的白纹毒蝶前翅均有黑色和淡黄色的图案，只是后翅的斑纹不一样。有的蝶种后翅斑纹为橙色，有的蝶种后翅斑纹则为蓝色或绿色。前翅的翅形稍扁，近端部有两条白色的斑纹，前翅的反面和正面相似，后翅呈黑色，带有白色的辐射线，后缘有一排白色的小斑点，组成独特的扇形斑纹，后翅缘略呈波浪形。

前翅近端部的
白色斑纹

后翅边缘有
一排小白点

后翅有蓝色
斑纹的蝶型

繁殖方式： 白纹毒蝶是完全变态类昆虫，它们的繁殖会经历产卵、孵化、结蛹和羽化 4 个阶段。成虫将卵产于寄主植物上面，经过几天时间之后卵孵化为幼虫，幼虫会大量进食，主要是以寄主植物和自己的旧外壳为食，幼虫成长结束后便开始停止进食，寻找合适的地方结蛹，成虫的身体在蛹内发育成熟，成熟后的成虫会破蛹而出。此时成虫还不具备飞翔的能力，等待翅膀完全展开才算一次繁殖的完全结束。

分布区域： 白纹毒蝶分布于中美洲和南美洲的部分地区。

幼体特征： 幼虫身体为绿黄色，并且具有黑色的条带和刺。幼虫一般群集活动，以寄主植物西番莲的叶片和嫩芽为食。

雌雄差异： 白纹毒蝶雌雄两性十分相似。

生活习性： 白纹毒蝶一般在日间活动，飞行迅速，动作敏捷，喜欢群体生活。

栖息环境： 白纹毒蝶喜好栖息在森林边缘和空旷的地方。

前翅中部的白斑较大

前翅长且扁

黑色的后翅

后翅有橙色斑纹的蝶型

翅展：8 ~ 9 厘米　　　　活动时间：白天　　　　食物：花粉，腐果、粪便、植物等的汁液

北美斑纹蛱蝶

科：蛱蝶科

触角端部膨大呈锤状
翅膀主要呈褐色
棱角分明的后翅
后翅缘略呈波浪形

北美斑纹蝶身体的主要颜色为褐色，蝶翅上由深褐色的斑点和色带组成了复杂多变的图案。蝶前翅有正特征性比较明显的白色斑点，后翅棱角分明，反面分布有 7 个黑、白色的眼纹，后翅缘略呈波浪形。

分布区域： 北美斑纹蛱蝶分布区域比较广，从加拿大北部的安大略省至美国佛罗里达州和得克萨斯州等地都是它们的栖息之地。

幼体特征： 幼虫身体呈鲜绿色，上面分布有黄色的条纹，头部生有小支角。幼虫以朴属植物的叶片为食。

雌雄差异： 雌蝶体形比雄蝶体形大，雌蝶颜色比较淡，后翅形状显得更加圆一些。

生活习性： 北美斑纹蝶一般在日间活动，飞行敏捷，它们一般在春季和秋季活动得比较多，但是也会由于地域情况有所不同，活动时间也会有些许差异。

栖息环境： 北美斑纹蛱蝶主要以丛林为栖息地。

翅展：4 ~ 4.5 厘米	活动时间：白天	食物：花粉、花蜜、植物汁液等

短双尾蝶

科属：蛱蝶科、双尾蝶属

前缘为红褐色
前翅呈三角形
后翅的黑褐色斑点
翅膀为橙色

短双尾蝶是美丽的大型蝶种，触角略呈棒形，翅膀为橙色，前翅呈三角形，前缘为红褐色，中间有宽阔的白色条带，边缘为黑褐色，后翅有一条白心的黑褐色斑点组成的带，其基部有白色斑。翅反面灰褐色，分布有不规则的线条花纹。

分布区域： 短双尾蝶分布于印度、巴基斯坦、斯里兰卡、缅甸和马来西亚。

幼体特征： 幼虫身体呈暗绿色，缀有红色的斑点，头部长有 4 个突出的红角。幼虫以各种不同的热带树木和灌木，包括相思树和合欢属植物为食。

雌雄差异： 短双尾蝶雌蝶和雄蝶外形相似。雌蝶的体形比雄蝶大一些，雌蝶的后翅尾状突起比雄蝶更加发达一些。

生活习性： 短双尾蝶一般在日间活动，成虫比较喜欢访花，飞行十分迅速且动作敏捷。

栖息环境： 短双尾蝶主要以丛林为栖息地。

繁殖方式： 短双尾蝶是完全变态的昆虫，它们的繁殖会经历产卵、孵化、结蛹和羽化 4 个阶段。成虫将卵产于寄主植物上，一段时间后卵孵化为幼虫，幼虫以植物和自己的旧外壳为食，幼虫成熟后便停止进食，停止进食后的幼虫便开始找地方结蛹，成虫的身体在蛹内发育，发育成熟后破蛹而出。

翅展：9 ~ 12 厘米	活动时间：白天	食物：花蜜，植物、发酵水果等的汁液

斐豹斑蝶

科属：斑蝶科、豹斑蝶属
别名：黑端豹斑蝶

斐豹斑蝶的触角为褐色，顶部呈赭红色，头部、胸部和腹部均为黄褐色。斐豹斑蝶的前翅表面是橙黄色的，并且有一些短的横纹，内侧有比较密集的圆点，翅膀外缘呈弯曲状，后翅的表面是淡黄色的，上面有一些比较隐秘的窄窄的纹路，后翅也有一些向外延伸的圆形斑点。斐豹斑蝶的翅膀底面是淡淡的枣红色，颜色呈渐变色。

分布区域：斐豹斑蝶分布于我国福建、浙江、江西、广东、广西、台湾、北京、云南等地，同时也分布于朝鲜、韩国、日本、菲律宾、印度尼西亚、不丹、尼泊尔、巴基斯坦、阿富汗、孟加拉国、印度、斯里兰卡等国，分布区域比较广泛。

幼体特征：幼虫头部和身体均为黑色，头部生有 4 条黑色的刺，身体中间有一条橙色的带状纹，腹部的刺尖端为粉红色，尾部的刺也为粉红色，尖端则为黑色。

雄蝶

前翅端部为紫黑色

白色斜带较宽

青蓝色的新月斑

雌雄差异：斐豹斑蝶雌雄异型。雄蝶体形较大，翅面为橙黄色，前翅中室内有 4 条横纹，后翅翅面上有黑色的斑点，翅外缘有 2 条波纹状线，两线间分布着青蓝色的新月斑，翅反面缀有白色、黑色以及褐色的斑点；雌蝶的外形和有毒的金斑蝶相似，前翅端半部呈紫黑色，有一条较宽的白色斜带，顶角缀有若干白色的小斑点。

雌蝶

头部为黄褐色

翅面黑色的斑点

翅外缘的两条波纹状线

后翅表面呈淡黄色

触角端部呈锤状

身体呈黄褐色

生活习性：斐豹斑蝶一般都在白天活动，在热带地区全年可见，但是在古北区只有秋季可以看见它们活动的身影。在丘陵地带，雄蝶飞行十分迅速，飞行时间也特别长，相对而言雌蝶飞行要缓慢一些，它们喜欢飞飞停停，通常飞行一段后会休息一段时间。

栖息环境：斐豹斑蝶栖息在亚洲南部热带、亚热带地区、喜马拉雅山脉。

| 翅展：8 ~ 9.8 厘米 | 活动时间：白天 | 食物：花蜜，植物、发酵水果等的汁液 |

大紫蛱蝶

科属：蛱蝶科、紫蛱蝶属

雄蝶翅面上有强烈的紫色虹彩

雄蝶

臀角附近的三角形红斑

大紫蛱蝶属于大型蝶种，数量较少，翅色美丽，翅膀表面具有深蓝色的金属光泽。雄蝶翅面有强烈的紫色虹彩，缀有白色斑点，其余部分则为暗褐色，各翅室有 1~3 个白色的斑纹，有 2 个三角形的红斑位于后翅臀角附近。雌蝶前翅大致呈三角形，后翅呈卵圆形，分布有两列弧形排列的黄斑，翅外缘稍呈锯齿状。大紫蛱蝶还是日本的国蝶。

分布区域： 大紫蛱蝶原产于古北区的中国、朝鲜、韩国和日本。在我国主要分布于陕西、河南、湖北、浙江、台湾等地。

幼体特征： 幼虫的寄主植物为朴树。幼虫身体为绿色，体表密生有黄色的细小疣点，各体节体侧气门线附近有一个黄色的斜纹，背面有 3 对黄色鳞片状的突出物，三角形状。终龄幼虫身体呈长筒状。

雌雄差异： 大紫蛱蝶雄蝶和雌蝶翅膀的色泽花纹相似，雄蝶的翅膀表面有蓝色的金属光泽，雌蝶

没有。雄蝶翅膀表面为紫色，雌蝶翅膀颜色为褐色。

生活习性： 大紫蛱蝶飞行迅速，喜欢在白天活动。它们喜欢在茂密的树丛间活动，喜欢吸食树干流出的发酵汁液或腐熟落果的汁液。它们通常喜欢混在其他的蝴蝶中。大紫蛱蝶因为飞行迅速，难以被蜘蛛、螳螂、青蛙、蜻蜓、鸟类以及蜥蜴这些天敌捕捉到。它们会沉浸于吸食汁液，所以容易忽略到身边的危险。

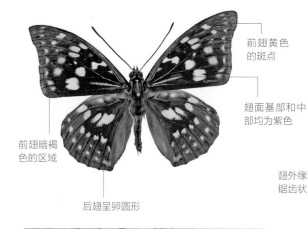

前翅黄色的斑点

翅面基部和中部均为紫色

前翅暗褐色的区域

后翅呈卵圆形

雌蝶的翅膀较大

前翅大致呈三角形

雌蝶

翅外缘稍呈锯齿状

后翅分布着呈弧形排列的黄斑

栖息环境： 大紫蛱蝶的幼虫栖息在植物叶片丝座上，冬天会爬行到寄主植物根部附近的落叶堆中静止越冬。成虫活动于海拔 1 000 ~ 1 500 米的山区。

趣味小课堂： 大紫蛱蝶有 4 个亚种分化，分别为大紫蛱蝶指名亚种、大紫蛱蝶华东亚种、大紫蛱蝶云南亚种和大紫蛱蝶台湾亚种。

| 翅展：5 ~ 6.5 厘米 | 活动时间：白天 | 食物：花蜜，植物、发酵水果等的汁液 |

红三色蛱蝶

科属：蛱蝶科、蛱蝶属

白色的斑点

红三色蛱蝶具有十分独特的橙色、褐色，雄蝶的反面为橙褐色，分布有白色的斑点，与翅膀正面相似。后翅分布着醒目的黑斑色带，还有一条斑带，由较大的粉橙色斑点排列而成。雌雄蝶两性的后翅都有橙色的边线，外缘呈波状。

分布区域： 红三色蛱蝶分布于印度、巴基斯坦、缅甸和马来西亚。

幼体特征： 红三色蛱蝶的幼虫身体带刺，身体颜色主要呈褐色，

背部中间缀有较大的暗红色斑。幼虫以寄主植物算盘子和玉叶金花的叶片为食。

雌雄差异： 红三色蛱蝶的雌蝶和雄蝶比较相似。雄蝶的翅膀颜色要比雌蝶的翅膀颜色深一些，而且雌蝶翅膀有一些黄色遍布其上，但是雄蝶没有。

生活习性： 红三色蛱蝶多在日间活动，活动期间比较喜欢访花，经常被马樱丹所吸引。

栖息环境： 红三色蛱蝶多栖息在

热带气候的环境中，通常会寄生于植物叶片中间和丛林中。

后翅橙色的边线　　波状的后翅外缘

翅展：5.5 ~ 7 厘米	活动时间：白天	食物：花蜜、植物汁液、发酵的水果等

红狭翅毒蝶

科属：蛱蝶科、毒蝶属

细长的触角

红狭翅毒蝶的触角细且长，端部膨大，橙褐色的腹部较长，前翅长而窄，翅面呈鲜明的橙色、褐色，有一条黑线沿着翅前缘至翅顶部，前缘有独特的黑色斑纹，近后翅基部有两个红斑。

分布区域： 红狭翅毒蝶主要分布于南美洲和中美洲，在美国的得克萨斯州和佛罗里达州也有分布。

幼体特征： 红狭翅毒蝶的幼虫身体呈淡褐色，生有刺，以寄主植物西番莲的叶片为食。

雌雄差异： 红狭翅毒蝶的雌雄两

性稍微有些不同。雌蝶翅膀的颜色比较暗淡，翅膀反面有颜色深浅不同的橙色到米黄色的花纹，并且翅膀上有白色的斑纹；雄蝶前翅有黑色的斑纹。

生活习性： 红狭翅毒蝶一般在白天活动，以植物的叶片为主要食物，飞行动作敏捷，在日常飞行中比较喜欢访花，所以它们也会

吸取花蜜为食。

栖息环境： 红狭翅毒蝶适于栖息在热带雨林气候中，也能够适应亚热带气候。

翅面呈鲜明的橙色、褐色

橙褐色的腹部较长

翅展：7.5 ~ 9.5 厘米	活动时间：白天	食物：花粉、花蜜、植物汁液等

大红蛱蝶

科属：蛱蝶科、蛱蝶属

白色的斑块　　触角细长　　前翅中部的红色带

身体呈黑褐色

红褐色的后翅

后翅的红色带镶嵌着小黑点

大红蛱蝶很容易辨认，触角细长，端部膨大如锤状，身体呈黑褐色，前翅底色为黑色，中部有鲜明的红色带，翅面近顶角区域有白色的斑块和斑点，翅边缘呈不规则的波浪形。前翅的反面和正面比较相似，颜色稍淡。

分布区域： 大红蛱蝶分布区域比较广，主要分布于欧洲至北非。还有部分分布于加拿大至中美洲。

幼体特征： 大红蛱蝶的幼虫身体长有刺，身体的颜色有灰黑色、黄褐色、灰绿色等。幼虫以刺荨麻的叶片为食。

雌雄差异： 大红蛱蝶雌蝶和雄蝶十分相似。雄蝶的后翅是咖啡色，后翅膀的后缘有比较宽的红色带，红色带上镶嵌了一列黑色的小点。

生活习性： 大红蛱蝶的活动时间跟其他大部分蛱蝶一样，它们都是在白天活动，飞行动作敏捷，飞行能力十分强。大红蛱蝶会经常迁徙到不同地方生活。

栖息环境： 大红蛱蝶通常栖息在热带气候和温带气候的地区，以植物叶片为主要栖息场所。

| 翅展：5.5～6厘米 | 活动时间：白天 | 食物：花蜜、发酵的水果、植物汁液等 |

红剑蝶

科属：蛱蝶科、剑蝶属

翅面为橙红色

触角细长

后翅褐色的尾状突起

红剑蝶前翅和后翅的形状比较特别，很容易辨别。红剑蝶触角细长，腹部为橙褐色，橙红色的前翅上面有3条褐色的纵纹，前翅端部向外凸出，呈强钩形，后翅的尾状突起较长，呈褐色，内缘为淡色。翅膀反面为淡粉褐色，有褐色的斑点。后翅有假头，可以起到迷惑捕食者的作用。

分布区域： 红剑蛱蝶主要分布于南美洲和中美洲，在美国的佛罗里达州和得克萨斯州也有分布。

幼体特征： 红剑蝶幼虫的身体为黄色和红褐色，分布着黑色的线纹和斑点，头部具有独特的刺角。幼虫以腰果树、桑树的叶片为食。

雌雄差异： 红剑蝶的雌蝶和雄蝶十分相似，二者不容易区别开来。

生活习性： 红剑蝶一般在白天活动，比较喜欢访花，通常以植物的叶子汁液为食。为了保护自己，它们经常利用自己的身体特性去"欺骗"捕食者。

栖息环境： 红剑蝶一般栖息在热带雨林气候的环境中，也有部分能够适应亚热带气候。它们通常停留在植物叶片和花丛中间。

| 翅展：7～7.5厘米 | 活动时间：白天 | 食物：花蜜、植物汁液等 |

紫斑环蝶

科属：环蝶科、斑环蝶属
别名：蓝斑环蝶

深褐色的翅面

前翅呈三角形

后翅近圆形

后翅有蓝紫色的大斑块

紫斑环蝶的翅面为深褐色，翅膀表面分布有两种鳞片，呈现出覆瓦状的排列形式。前翅为三角形，外缘呈弧状，后翅近圆形，翅面为深褐色，前翅和后翅中室后方均有一个大型的蓝紫色斑块。

分布区域：紫斑环蝶分布于国内的云南、海南、广西，以及国外的缅甸、泰国、斯里兰卡和印度。

幼体特征：紫斑环蝶的幼虫身体呈深褐色至橙红色，体表有毛，以寄主植物的叶片为食。

生活习性：紫斑环蝶一般在日间活动，有时候也会傍晚出来活动，它们飞行速度缓慢，忽上忽下，呈波浪式。

栖息环境：紫斑环蝶喜欢栖息在背阴潮湿的地方，主要栖息在密林中。

趣味小课堂：紫斑环蝶翅面中央分布着呈蓝紫色的能变换色彩的鳞片，当其翅膀张开的瞬间，会展现出梦幻般的蓝紫色。传说，紫斑环蝶就是典故"庄周梦蝶"中的蝴蝶。

翅展：8～9厘米	活动时间：白天	食物：花蜜、人畜粪便、腐叶烂果等

苎麻珍蝶

科属：珍蝶科、珍蝶属

雄蝶前翅中室端有一条横纹

前翅外缘有宽的黑色带

灰褐色的锯齿纹

后翅外缘有三角形的棕黄色斑

苎麻珍蝶的翅膀为橙黄色或褐色，分布有黄褐色或褐色的脉纹，前翅前缘和外缘均为灰褐色，外缘的黑色带较宽，有7～9个黄斑点，外缘内有灰褐色的锯齿状纹。后翅外缘呈灰褐色，有8个三

角形的棕黄色斑。雄蝶前翅中室端有一条横纹，雌蝶在端纹的内外均有一条横纹。

分布区域：苎麻珍蝶分布于国内的浙江、福建、江西、湖北、湖南、四川、云南、西藏、广东、广西、海南、台湾，以及国外的印度、缅甸、泰国、越南、印度尼西亚、菲律宾。

幼体特征：苎麻珍蝶的寄主植物为苎麻、荨麻、醉鱼草属植物和茶树等。末龄幼虫头部呈黄色，有金黄色的"八"字形蜕裂线，身上长有紫黑色的枝刺，基部为蜡黄色，各体节均呈黄白色。

雌雄差异：苎麻珍蝶的雄蝶前翅中室端有一条横纹，雌蝶在端纹内外各有一条横纹，后翅还有一个孤立的黑斑。

生活习性：苎麻珍蝶在日间活动，成虫喜欢访花采蜜。

栖息环境：苎麻珍蝶栖息于茂密的树林、竹林中，冬天栖息在落叶林中过冬。

翅展：5.3～7厘米	活动时间：白天	食物：花蜜、腐烂的果实、植物汁液等

红锯蛱蝶

科属：蛱蝶科、锯蛱蝶属
别名：梦露蝶、锯缘蛱蝶

雄蝶翅膀呈鲜艳的橙红色

红锯蛱蝶的翅膀颜色为橘红色，非常吸睛。前翅翅面端部有黑色的三角斑，后面有一列白色的斑，呈现"V"形，后翅为黑色，亚外缘有一列黑色的斑点，前后翅边缘均呈锯齿状，且伴有白色的"V"形斑。翅膀腹面的颜色没有翅膀表面的颜色鲜艳，有黑白相间的斑纹。

分布区域： 红锯蛱蝶分布于长有蛇王藤的地方。它们的足迹遍布中国，尤其多见于四川南部、西藏察隅地区、贵州南部和湖南南部；也分布于国外的马来西亚、印度尼西亚、菲律宾、缅甸、泰国、马来西亚、尼泊尔、不丹和印度。

幼体特征： 幼虫以西番莲科的蛇王藤为寄主植物。幼虫在不同地域有六龄、五龄及四龄之别，有强烈的群集习性。一龄至二龄幼虫以嫩叶为食，三龄至四龄幼虫以嫩叶、嫩枝和老叶为食。

雌雄差异： 红锯蛱蝶雌蝶和雄蝶的颜色不一样，雄蝶翅膀的颜色为鲜艳的橙红色，雌蝶的翅膀部分为灰色，部分为绿色，总体来说，雌蝶的翅膀以灰绿色为主。

生活习性： 红锯蛱蝶一般在白天活动，飞行迅速，飞行路线不规则，喜欢在林缘开阔地飞翔。成虫喜欢访花，也吃一些腐烂的水果来补充营养，喜欢群集生活，它们在广东地区一年可繁殖3~4次，成虫一般发生于4月中旬至5月中旬、6月下旬至8月初及9月中旬至10月下旬。

头、胸为黑色，腹部为橙红色

栖息环境： 红锯蛱蝶主要栖息在海拔500～600米的地区，多集中生活在山坡灌丛、阔叶林、针叶林，在重庆武隆、巫山、石柱等地也多有分布。

繁殖方式： 红锯蛱蝶会将卵聚集产于寄主植物的叶面上，一个卵块多达几十粒卵，卵期为7天左右，蛹期在10～20天，从卵发育成蝶大约需要1个月的时间。

趣味小课堂： 因为红锯蛱蝶翅膀上的图案像美国著名影星玛丽莲·梦露的嘴型，所以又称其为"梦露蝶"。

亚外缘有一列白色斑点

锯齿状的后翅边缘

后翅边缘为黑色

亚外缘有一列黑色斑点

外缘呈锯齿状

前翅翅面端部有黑色的三角斑

后翅外缘的白色"V"形斑

观赏价值： 红锯蛱蝶是我国三峡库区珍稀观赏蝶类之一，不但有很高的观赏价值，也有很高的科学研究价值。

| 翅展：7～8.7厘米 | 活动时间：白天 | 食物：花蜜、植物汁液、发酵的水果等 |

黑脉金斑蝶

科属：斑蝶科、斑蝶属
别名：大桦斑蝶、黑脉桦斑蝶、帝王蝶、君主蝶

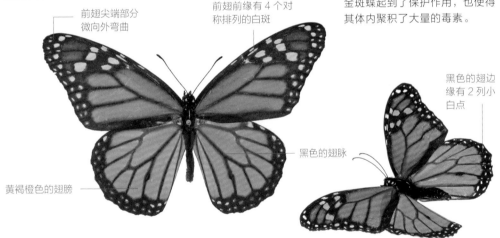

翅面上有显眼的橙色斑纹

身体呈黑色

黑脉金斑蝶是中型的华丽蝶种，其身体为黑色，翅膀的主体为黄褐橙色，前翅的颜色比后翅深，前翅前缘分布着 4 个较大的对称排列的白色斑点，翅尖端部分微向外弯曲。前翅和后翅正面分布有比较明显的橙色和黑色斑纹，翅脉和边缘均为黑色，边缘有 2 列较细的小白点，翅反面的白点比正面大。

蝶的翅脉比雄蝶宽。

生活习性： 黑脉金斑蝶飞行快速而敏捷，一般都在白天活动，黑脉金斑蝶是地球上唯一的迁徙性蝴蝶，每年都会迁徙，北美洲的黑脉金斑蝶会在 8 月初霜时向南迁徙，在春天的时候再迁徙回来。雌蝶会在迁徙的时候产卵。黑脉金斑蝶斑斓的色彩有警告身边的捕食者的作用。

栖息环境： 黑脉金斑蝶栖息在山脉、丛林中。

趣味小课堂： 黑脉金斑蝶以乳草属植物为食，这种植物含有高浓度的强心苷，这种强心苷对黑脉金斑蝶起到了保护作用，也使得其体内聚积了大量的毒素。

前翅尖端部分微向外弯曲

前翅前缘有 4 个对称排列的白斑

黑色的翅边缘有 2 列小白点

黑色的翅脉

黄褐橙色的翅膀

分布区域： 黑脉金斑蝶分布于北美洲、南美洲、大洋洲及欧洲和亚洲的南部，包括西印度群岛、加拉巴哥群岛、所罗门群岛以及澳大利亚、新西兰、新几内亚、菲律宾、毛里求斯、印度、马德拉、葡萄牙、西班牙、英国、法国等。

幼体特征： 黑脉金斑蝶的幼虫一般群集生活，头部有明显的突起，以有毒植物马利筋的叶片为食，使得成虫后积聚毒素，起到了一定的保护作用。

雌雄差异： 黑脉金斑蝶雄蝶的后翅上有黑色的特征性的鳞片，翅脉窄，体形比雌蝶大，但雌

翅展：8.9 ~ 10.2 厘米　　　活动时间：白天　　　食物：腐烂果实、植物汁液和乳草属植物等

孔雀蛱蝶

科属：蛱蝶科、孔雀蛱蝶属

孔雀蛱蝶在我国北方每年发生两代，基本上全年都可见，翅膀上的图案精美而独特。细长的触角端部膨大，背部呈黑褐色，分布有较短的棕褐色绒毛。翅表面为鲜红色，前翅前缘中部有一个黑色的大斑块，前翅和后翅各有一个较大的彩色眼斑，前翅的眼斑中心为红色，周边依次为黄色、浅粉色、粉蓝色。其带有大型眼状斑纹的翅膀突然张开时，可以把捕食的鸟类吓走。翅膀反面呈暗褐色，密布有波状的黑褐色横纹，好像烟熏的枯叶，能为其提供良好的伪装。

细长的触角

背部呈黑褐色

外缘中部的突起

前缘中部的黑色大斑块

前翅的眼斑中心为红色

后翅的大型眼斑纹

鲜红色的翅膀

背部有较短的棕褐色绒毛

分布区域： 孔雀蛱蝶主要分布于我国北京、河北、吉林、青海、陕西等地。

幼体特征： 孔雀蛱蝶的幼虫身体为黑色，生有毛刺，以荨麻和蛇麻草为食。

雌雄差异： 孔雀蛱蝶的雌蝶和雄蝶没有明显的差异，只是从体形来看，雄蝶比雌蝶略小一些。

生活习性： 孔雀蛱蝶一般都在日间活动，一年发生两代，第二代以成虫越冬。孔雀蛱蝶是鸟类最爱的美味之一，为了自我保护，它们经常会一动不动地"装死"，然后突然张开翅膀，以吓跑捕食者。

栖息环境： 孔雀蛱蝶主要栖息在平原和低海拔地区。

繁殖方式： 孔雀蛱蝶属于完全变态昆虫，它们的繁殖会经历产卵、孵化、结蛹和羽化 4 个阶段。成虫将卵产于寄主植物上，卵会孵化为幼虫，幼虫大量食用寄主植物和旧外壳来给自己提供营养，当幼虫成熟后便会开始结蛹，成虫的身体在蛹内成长，等发育成熟后成虫会破蛹而出。

| 翅展：5 ~ 6 厘米 | 活动时间：白天 | 食物：花粉、花蜜、腐烂的果实等 |

枯叶蛱蝶

科：蛱蝶科、枯叶蛱蝶属
别名：枯叶蝶

　　枯叶蛱蝶背部呈黑色，褐色的翅膀有青绿色光泽，前翅中域有一条宽大的橙黄色斜带，两侧有白点。前翅顶角和后翅臀角向前后延伸，如叶尖和叶柄，两翅亚缘各有一条深色的波纹线。翅膀反面呈枯叶色，分布有叶脉状的条纹，翅面有杂灰褐色的斑点，深浅不一致，和叶片上的病斑相似。当其将两翅合拢，在树木枝条上休息时，很难和枯叶区别开来。

翅面有杂灰褐色斑点

叶脉状的条纹

腹面

翅膀反面呈枯叶色

前翅顶角如叶尖

斜带内侧的白点

前翅中域橙黄色的斜带较宽

背部呈黑色

翅亚缘深色的波纹线

后翅臀角向后延伸如叶柄

生活习性：枯叶蛱蝶在日间活动，当太阳升起露珠消失之后，它们会吸食树干的汁液。其飞行动作敏捷，特别是在受到惊吓的时候，可以迅速逃离，然后将自己隐藏在高大树木的枝头或藤蔓的枝干上。雄蝶和雌蝶通常会在午间过后交配。无论是在哪个阶段，枯叶蛱蝶都会遭受天敌的侵犯，所以它们通常会通过伪装来防御天敌。

栖息环境：枯叶蛱蝶除了冬天，其余时间主要栖息在低海拔地区，它们喜欢在山崖峭壁和茂密的杂木林间生活，也喜欢栖息在溪流两边的阔叶林中。

观赏价值：枯叶蛱蝶在我国是稀有蝶种，是蝶类中的拟态典型，数量极少。

分布区域：枯叶蛱蝶主要分布于我国的西南部和中部地区，以及缅甸、泰国、日本、不丹、马来西亚等国。

幼体特征：枯叶蛱蝶的幼虫身体呈绒黑色，长有黄色的长毛和红色的刺。幼虫以蓼科植物、爵床科植物的叶片为食。

雌雄差异：枯叶蛱蝶雌雄两性略有差异，雌蝶翅膀前端比雄蝶尖锐并且稍有向外弯曲。

| 翅展：7～8厘米 | 活动时间：白天 | 食物：水液、树汁、腐烂的果实等 |

黄带枯叶蝶

科属：蛱蝶科、瑶蛱蝶属

近端部的橙黄色斑点

橙黄色的宽纵带贯穿上下翅

翅膀的底色为黑褐色

后翅外缘中部的突起

黄带枯叶蝶的成虫在春季至秋季出现，它们的天敌有鸟类、蜻蜓、蜘蛛、马蜂等。黄带枯叶蝶身体呈黄褐色，翅中央有一条贯穿上下翅的较宽的橙黄色纵带，近端部有橙黄色的斑点，后翅外缘中部有突起。它们隐身在林中或地面时不易被发现。

分布区域： 黄带枯叶蝶主要分布于我国台湾的南部和东部。

幼体特征： 黄带枯叶蝶的幼虫以爵床科的赛山蓝或台湾鳞球花为寄主植物。四龄幼虫的背部生有5条纵向的棘刺，近中央的2条棘刺基部有黄褐色的环纹。

雌雄差异： 黄带枯叶蝶的雄蝶翅膀底色为黑色，雌蝶翅膀腹面没有米白色的纵带。黄带枯叶蝶的雄蝶翅膀反面的颜色很像枯叶。

生活习性： 黄带枯叶蝶的成虫喜欢访花，吸花蜜，它们拥有特殊的颜色，隐身在林中或地面时不容易被发现。黄带枯叶蝶一般喜欢在日间活动。

栖息环境： 黄带枯叶蝶通常栖息在低海拔地区的林地之中。

翅展：6～7厘米	活动时间：白天	食物：花蜜、花粉、植物汁液等

蓝眼纹蛇目蝶

科属：蛱蝶科、蛇目蛱蝶属

暗褐色的翅膀

前翅有2个较大的蓝心黑圈眼纹

后翅有一个较小的眼纹

后翅边缘为波浪形

蓝眼纹蛇目蝶翅膀上的图案比较独特，翅膀正面呈暗褐色，前翅有一上一下2个蓝心黑圈的眼纹，很是显眼，容易辨认。后翅有一个较小的眼纹，翅缘呈波浪形。翅膀反面的颜色较暗淡，后翅上分布有灰色的条带。

分布区域： 蓝眼纹蛇目蝶分布于中欧和南欧。

幼体特征： 幼虫身体呈灰白色，缀有深色的斑纹，还有2条黑褐色的线纹延伸到尾部。幼虫以各种草类为食，偏爱沼泽草。

雌雄差异： 蓝眼纹蛇目蝶的雌蝶体形比雄蝶的体形大，雌蝶的颜色比雄蝶的颜色浅，雌蝶的眼纹小，雄蝶的眼纹稍大一些。该蝶种的雌雄两性比较好区分。

生活习性： 蓝眼纹蛇目蝶一般在白天活动，它们的活动季节通常是在初夏至初秋。

栖息环境： 蓝眼纹蛇目蝶适于栖息在温带环境中，喜爱沼泽类的生存环境。

翅展：5～7厘米	活动时间：白天	食物：花粉、花蜜、植物汁液等

琉璃蛱蝶

科属：蛱蝶科、琉璃蛱蝶属

琉璃蛱蝶为中型蛱蝶，比较稀少，翅膀表面呈深蓝黑色，亚顶端有一个白斑，亚外缘有一条蓝紫色宽带纵贯前翅和后翅，此宽带在前翅端被分断为两部分，呈"Y"形。后翅外缘中部有尾状的突起，翅

膀边缘呈破布状，这是其典型特征。翅膀反面的斑纹较杂，主要为黑褐色，下翅中央有一个小白点。

分布区域：琉璃蛱蝶主要分布于中国、日本、朝鲜、韩国、阿富汗、印度。

幼体特征：幼虫以菝葜科的植物为食。幼虫身体呈灰黑色，体表长有淡黄色的枝刺，枝刺基部附近为橙色。终龄幼虫全身密布着棘刺，缀有鲜艳花色的斑纹。

雌雄差异：琉璃蛱蝶的雌蝶和雄蝶外形十分相似，不易区分，但是雄蝶的领域性比较强，可以从活动习性方面区分。

纵贯前后翅的蓝紫色宽带

宽带在前翅端，呈"Y"形

翅边缘呈破布状

后翅外缘中部的尾状突起

生活习性：琉璃蛱蝶一般在日间活动，飞行速度非常快，成虫的活动时间主要在3～12月。

栖息环境：琉璃蛱蝶栖息在低海拔和中海拔山区。

翅展：5.5～7厘米	活动时间：白天	食物：花粉、树汁、动物粪便等

浓框蛇目蝶

科属：蛱蝶科、蛇目蛱蝶属

浓框蛇目蝶的翅膀表面呈黄褐色至橙色，上有黑色至褐色的斑纹，斑纹从翅边缘至翅基部颜色渐淡，前后翅近顶角和臀角处各有一个圆形眼纹。前翅部分正反面相似，后翅边缘呈波浪形。

分布区域：浓框蛇目蝶主要分布于澳大利亚的西南部和东南部地区。

幼体特征：幼虫身体的颜色有较大的差异，有绿色、黑色或淡褐色，色纹较暗，有2个短尾。幼虫以草类为食。

雌雄差异：雄蝶翅膀正面为橙褐色，前翅近顶角和后翅近臀角各有一个蓝心黑圈的眼纹，顶角呈暗褐色，翅面分布有较多黑色的斑块；雌蝶的前翅比雄蝶的要宽不少，翅端的圆角稍小；两性的后翅缘均呈波浪形；后翅分布有红褐色和灰褐色的斑块，而且缀有眼状纹。

生活习性：浓框蛇目蝶一般在日间活动，飞行动作敏捷。

翅膀正面为橙褐色

前翅近顶角蓝心黑圈的眼纹

黑色的斑块

雄蝶

后翅近臀角的眼纹

翅缘呈波浪形

栖息环境：浓框蛇目蝶主要栖息在亚热带气候和温带气候的环境中。

翅展：5～6厘米	活动时间：白天	食物：花蜜、发酵果实、植物汁液等

琉球紫蛱蝶

科属：蛱蝶科、斑蛱蝶属
别名：幻蛱蝶、幻紫斑蛱蝶

　　琉球紫蛱蝶雄蝶的翅膀一般呈绒黑色，前翅和后翅中央都有一块会反光的大型蓝紫色斑块，斑块中有白色的斑点，前翅外缘向内凹入，后翅外缘呈波浪状。雌蝶翅膀呈黑褐色，前翅端部也有会反光的蓝紫色，白色的斑纹形成复杂图案，后缘有红褐色斑块，红褐色向着基部弥漫。后翅中央有白色的大斑块。有些类型的雌蝶没有红褐色斑块，白斑点较少。

分布区域：琉球紫蛱蝶主要分布于国内的广东、福建、云南和台湾；印度、马来西亚、印度尼西亚和澳大利亚等国也有分布。

翅膀一般呈
绒黑色

中央大型的蓝
紫色斑块

雄蝶

后翅外缘呈
波浪状

斑块中白色
的斑点

黑褐色的翅膀

前翅端部白色的斑纹

雌蝶

前翅后缘有
红褐色斑块

雌蝶比雄
蝶稍大些

后翅中央的白
色大斑块

幼体特征：幼虫身体呈暗褐色或黑色，生有橙黄色的刺，侧面缀有一条黄线。幼虫主要以旋花科的甘薯叶片为食。

生活习性：琉球紫蛱蝶一般在日间活动，飞行缓慢，以群体性生活为主，它们会一起追逐驱赶附近其他飞过的蝴蝶，常飞飞停停，多停留在开阔的草原和溪水边上的开阔地带。成虫大部分在夏季和秋季活动，其他季节活动得比较少。

栖息环境：琉球紫蛱蝶栖息在海拔 100 ～ 500米的山间，栖息地以阔叶林、海岸林、乡郊农地和花园为主，其生活环境比较潮湿、荫蔽。

繁殖方式：琉球紫蛱蝶的繁殖会经历产卵、孵化、结蛹和羽化 4 个阶段。琉球紫蛱蝶的卵不同于其他蝴蝶的卵，它们的颜色为淡淡的玻璃绿色，卵孵化为黑色的幼虫需大约 4 天，在幼虫快要成熟的时候，幼虫身上的刺被薄薄的橙色所包围。它们的蛹有一个固定点支撑，成虫出蛹的时间为 7 ～ 8 天。

趣味小课堂：琉球紫蛱蝶以母性著称，随着年龄的增长，它们对地点的忠诚度也会增加。

| 翅展：6.5 ～ 9 厘米 | 活动时间：白天 | 食物：树汁、腐果汁液等 |

猫头鹰蝶

科属：蛱蝶科、猫头鹰环蝶属

　　猫头鹰蝶是有名的大型蝶类，颇受蝴蝶收藏家的追捧。猫头鹰蝶前翅和后翅的反面均有复杂的褐色、白色羽毛图案，前翅外缘前缘有突出的脉纹，后翅有一对较大的圆形眼斑。当它停息在树枝上张开翅膀时，和瞪大双眼的猫头鹰脸很相似，是一种巧妙的伪装。

有褐色和白色的图案

腹面

后翅猫头鹰状的大眼纹

翅外缘呈波浪形

前翅呈暗褐色

前翅有白色的纵向线带

突出的脉纹

后翅呈黑色

生活习性：猫头鹰蝶喜欢避开明亮的日光，在下午和黄昏时飞行，经常聚集在一起进食或休息。它们喜欢隐居，有着很高超的拟态本领，其类似猫头鹰神态的伪装会让其他动物畏惧，以达到自我保护的目的。

栖息环境：猫头鹰蝶主要栖息在森林中。

繁殖方式：猫头鹰蝶属于完全变态昆虫，它们的繁殖会经历产卵、孵化、结蛹和羽化4个阶段。成虫将卵产于寄主植物上，卵会孵化为幼虫，幼虫大量食用寄主植物和自己的旧外壳来给自己提供营养，当幼虫成熟后便会开始结蛹，成虫的身体在蛹内成长，等发育成熟后成虫会破蛹而出。

分布区域：猫头鹰蝶分布于中美洲和南美洲的热带雨林地区。

幼体特征：幼虫体形较大，身体呈淡灰褐色，近头部和叉形的尾部时渐变为暗褐色。幼虫以竹子或凤梨科植物为寄主植物，是果园的害虫。比较特别之处在于为了避免蛹期受到伤害，它们会伪装成毒蛇头的样子来吓退侵略者。当它们蜕下最后一层皮的时候就进入蛹期，并且会换成毒蛇的装扮，这种状态会持续13天左右。

雌雄差异：猫头鹰蝶雌蝶和雄蝶两性相似，两性前翅正面都为暗褐色，色彩亮丽，有弥漫的蓝色，一条白线带贯穿前翅和后翅。后翅为黑色，基部呈暗蓝色。

翅展：12～15厘米　　　活动时间：下午和黄昏　　　食物：发酵果实、植物汁液等

银纹豹斑蝶

科属：斑蝶科、豹斑蝶属

银纹豹斑蝶是比较独特的欧洲豹纹蝶，其背部呈黑褐色，翅膀正面为橙红色，分布有较多的黑斑。前翅尖锐，近三角形，后翅呈棱角形，有2条黑色的线围绕着翅缘。其后翅反面缀有很多白色的大斑。

黑色的斑点

前翅近三角形

橙红色的翅面

后翅有2条黑色线围着翅缘

背部呈黑褐色

分布区域： 银纹豹斑蝶的分布范围遍及南欧和北非，且目前已扩大至亚洲的温带地区。

幼体特征： 银纹豹斑蝶的幼虫身体为黑色，长有褐色的刺，缀有白色斑点，背上分布着2条白线纹。幼虫以堇菜为食。

雌雄差异： 银纹豹斑蝶的雌雄两性相似，雌蝶和雄蝶的背面都为橙红色，翅膀上分布着密密麻麻的黑色斑点。

生活习性： 银纹豹斑蝶一般在日间活动，在春季至秋季飞翔觅食，成虫比较喜欢访花。

栖息环境： 银纹豹斑蝶多栖息在枯叶林、落叶林地带。

| 翅展：4～4.5厘米 | 活动时间：白天 | 食物：花粉、花蜜、植物汁液等 |

缨蝶

科：蛱蝶科

缨蝶和小缨蝶相似，但缨蝶的体形较大，外观呈毛状，翅膀正面为橙红色，前翅和后翅均有大小不一的黑斑块，后翅外缘呈波浪形，边缘有一列蓝色的月牙斑。翅反面有浓淡不同的褐色和特殊的呈石板灰色的边缘带。

分布区域： 缨蝶的分布范围遍及欧洲，并扩散到北非和喜马拉雅山脉。

幼体特征： 幼虫身体为黑色，密布有白色斑点，长有橙褐色的毛刺，沿着背部和两侧有橙色的线

前翅上有黑斑

后翅边缘为波浪形

后翅边缘的蓝色月牙斑

条。幼虫以各种阔叶树的叶片为食。

雌雄差异： 缨蝶雌蝶和雄蝶相似，差异性不大。

生活习性： 缨蝶一般在日间，飞行迅速。

栖息环境： 缨蝶主要栖息在阔叶林中。

繁殖方式： 缨蝶属于完全变态类昆虫，其繁殖会经历产卵、孵化、结蛹和羽化4个阶段。缨蝶会将卵产于寄主植物上面，几天之后卵孵化为幼虫，幼虫大量进食，以促进自己的成长，成熟后便会停止进食，开始结蛹，蛹内成虫开始组建新的身体，等到身体各部位发育成熟后就会破蛹而出。

| 翅展：5～6厘米 | 活动时间：白天 | 食物：花粉、花蜜、植物汁液等 |

玉带黑斑蝶

科：斑蝶科

　　玉带黑斑蝶两性相似，是与其相似的类群蝴蝶中比较寻常的蝶种。触角较短是这类蝶群的特征。其翅膀的色斑差异较大，前翅比后翅的颜色要暗，后翅沿翅缘有 2 列白色的斑点。

分布区域：玉带黑斑蝶主要分布于印度、中国、印度尼西亚、澳大利亚等国。

幼体特征：幼虫身体为白色，缀有暗褐色的粗环纹，身体两侧分布着黄色和白色的条纹。幼虫的背部有 4 对紫褐色的细丝。以夹竹桃科、马利筋和桑科等植物为食。

雌雄差异：玉带黑斑蝶雌蝶和雄蝶外形和颜色都比较相似。

生活习性：玉带黑斑蝶在日间活动，成虫喜欢访花，它们喜欢群体活动。

触角较短

前翅的颜色比后翅要暗

后翅沿翅缘有 2 列白色斑点

栖息环境：玉带黑斑蝶多栖息在植物叶片上，大多喜欢温暖潮湿的环境，也有部分的栖息环境为悬崖峭壁，多为群栖。

翅展：8 ~ 9.5 厘米	活动时间：白天	食物：花粉、花蜜、植物汁液等

大陆小紫蛱蝶

科：蛱蝶科
别名：紫色帝王蝶

　　大陆小紫蛱蝶经常在树顶盘旋，背部呈黑褐色，全翅有紫色弥漫，翅反面的图案呈黑褐色，并且缀有白色斑点。前翅有一个紫色的大眼纹，后翅缀有一个橙、黑色的大眼纹，比较明显；翅内缘有黑褐色的毛，翅外缘呈波浪形。

分布区域：大陆小紫蛱蝶的分布范围遍及欧洲，在亚洲北部的温带，往东至朝鲜半岛也有分布，分布范围比较广泛。

幼体特征：幼虫身体呈绿色，较肥胖，两端呈锥形，幼虫以柳树叶片为食。

生活习性：大陆小紫蛱蝶一般在日间活动，因为其翅膀大，所以飞行速度快。大陆小紫蛱蝶性情比较温和。大陆小紫蛱蝶翅膀上有眼纹，张开翅膀时可以用来保护自己。

前翅紫色的眼纹

翅面的白斑

橙、黑色的大眼纹

翅外缘呈波浪形

栖息环境：大陆小紫蛱蝶喜欢栖息在树叶上，当天气比较寒冷的时候，它们也会栖息在树根或落叶中，以为自己的冬眠提供温暖安全的环境。

翅展：6 ~ 7.5 厘米	活动时间：白天	食物：花粉、花蜜、腐烂果实的汁液等

非洲大双尾蝶

科：蛱蝶科
别名：狐色非洲双尾蝶

翅面呈暗黑褐色

非洲大双尾蝶是这类蝴蝶中唯一出现在欧洲的种类。其翅膀正面呈暗褐色，分布有红褐色、白色和淡黄色的条带，以及断续的紫灰色的条带，缀有橙色的边。后翅有蓝色斑，内缘呈灰白色，外缘呈暗褐色，后缘缀有一对尾状突起。

分布区域：非洲双尾蝶分布于非洲和欧洲地中海沿岸地区。

幼体特征：非洲大双尾蝶的幼虫身体呈绿色，身体上面缀有白色的斑点，幼虫以野草莓的叶片为食物。

雌雄差异：非洲大双尾蝶最好区分雌雄两性之处是，雌蝶的身型比雄蝶大。

生活习性：非洲大双尾蝶一般在日间活动，飞行速度比较快，成

后翅的尾状突起

内缘为灰白色

虫喜欢访花，吸食花蜜。

栖息环境：非洲大双尾蝶主要栖息在落叶林、枯叶林中。

| 翅展：7.5～8厘米 | 活动时间：白天 | 食物：花粉、花蜜、腐烂果实的汁液等 |

金三线蝶

科属：蛱蝶科、蟠蛱蝶属

黑色与橙黄色相间的带状斑纹

金三线蝶成虫一般在春季至秋季出现，在低、中海拔山区生活，喜欢访花、吸蜜或在湿地上吸水。金三线蝶雌雄两性很相似，翅膀的颜色比较独特，分布有黑色和橙黄色相间的带状斑纹，翅反面大部分为淡黄褐色，有褐色或黑褐色

的碎斑形成带状分布，后翅略呈波浪形。

分布区域：金三线蝶主要分布于印度、斯里兰卡、马来西亚。

幼体特征：金三线蝶的幼虫身体呈绿色，两侧有色带，背部长有4对刺，以合欢属植物的叶片为食。

雌雄差异：金三线蝶雌蝶和雄蝶的差异性比较小，较难区分。

生活习性：金三线蝶成虫一般在春季至秋季出现，它们一般在日间活动，成虫比较喜欢访花，喜欢吸食花蜜。

后翅呈波浪形

后翅外缘的黑色宽带

栖息环境：金三线蝶栖息在低、中海拔的山区，但以局部低山带为主，生存环境以热带丛林为主。

| 翅展：3.9～4.3厘米 | 活动时间：白天 | 食物：花粉、花蜜、湿地上的水等 |

黄帅蛱蝶

科属：蛱蝶科、帅蛱蝶属

前翅的橙黄色条斑

橙黄色的斑点组合成列

后翅黑色的外缘

　　黄帅蛱蝶属于中大型的蝴蝶，有着明亮的黄色，黄帅蛱蝶与帅蛱蝶近似，雌蝶翅面上条斑的排列图案和雄蝶一样。

分布区域： 黄帅蛱蝶主要分布于我国的东北、华中和华东地区。

幼体特征： 黄帅蛱蝶的幼虫寄主植物为朴树，幼虫在日常生活中以寄主植物的叶片和嫩芽为食。

雌雄差异： 黄帅蛱蝶雌蝶除了前翅中室有 2 个黄色斑之外，其他的都是白色的条斑。黄帅蛱蝶雄蝶的翅面颜色主要为黑色，翅面上是橙色的斑点和条状斑纹，并且前翅中室友眼状斑。

生活习性： 黄帅蛱蝶一般在日间活动，成虫不喜欢访花。它们飞行速度比较快，飞行路线比较规则，成虫的出生时间在 6 月上旬至 7 月中旬。黄帅蛱蝶的成虫常

常在林缘和公路这些开阔地飞行和活动。

栖息环境： 黄帅蛱蝶主要栖息在丛林、湿地等比较开阔的地方。

翅展：5 ~ 8 厘米	活动时间：白天	食物：腐烂的果实、湿地上的水等

绿豹蛱蝶

科属：蛱蝶科、豹蛱蝶属

别名：豹蛱蝶

翅面为橙黄色

前翅中室内有 4 条横纹

2 列平行的黑斑

　　绿豹蛱蝶翅面的颜色是橙黄微带褐色，斑纹是黑色的，前翅中室内有 4 条横纹，翅外缘有一列连续黑斑，内侧有 2 列平行的黑斑。后翅基部为灰色，有一条不规则的波状中横线和 3 列圆斑。

分布区域： 绿豹蛱蝶在国内主要分布于东北、华北、西南、华南地区；在国外主要分布于欧洲、非洲地区。

幼体特征： 幼虫以寄主植物紫罗兰的叶片和嫩芽为食。它们多在晚间寻找食物，白天会寻找远离食物的地方躲藏起来。

雌雄差异： 绿豹蛱蝶雌雄两性异型。雌蝶翅膀为暗灰色至灰橙色，黑斑比雄蝶要多些；雄蝶橙黄色的翅面分布有黑色的斑纹，翅基部颜色较暗，有褐色的绒毛。

生活习性： 绿豹蛱蝶一般在日间

活动，成虫喜欢访花，喜食悬钩子、矢车菊属的花蜜。它们的飞行能力极强，经常可以看到它们在树冠上滑翔。绿豹蛱蝶的雄蝶前翅面上有香鳞，香鳞会散发特殊的气味来吸引雌蝶。雌蝶的卵通常是产在距离地面 1 ~ 2 米的树皮上。

翅展：6.5 ~ 6.8 厘米	活动时间：白天	食物：花粉、花蜜、蚜虫的蜜露等

云南丽蛱蝶

科属：蛱蝶科、蛱蝶属
别名：丽蛱蝶

橄榄绿色或淡蓝色的翅膀

腹部有黄色的环节

三角形的黑斑

后翅内缘呈淡黄色

云南丽蛱蝶的头部呈黑色，翅膀颜色为橄榄绿色或淡蓝色，前翅有各种形状的大白斑，其周围有黑色缘，组成长三角形状，中部的大白斑点好似透明的"窗口"。前翅和后翅外缘均呈波浪状，后翅基部呈粉绿色，内缘呈淡黄色，黑色斑点组成中线，外线呈放射性的纵纹和三角形黑斑，外缘镶嵌着一条淡黄色的边线，花纹图案像百褶裙一样。

分布区域：云南丽蛱蝶主要分布于我国西南方向的亚热带地区；在国外主要分布于越南、缅甸、泰国、马来西亚、印度和斯里兰卡。

幼体特征：云南丽蛱蝶的幼虫呈绿色到黄褐色，有黄白色节线和一条深褐色的背线，每节生有深紫色的枝刺。幼虫以青牛胆属植物为食。一至二龄的幼虫常栖息在叶尖背面取食叶肉，留下上表皮，有时也会将叶片咬穿，三龄的幼虫通常停留在叶片背面，四至五龄的幼虫会停留在叶片的正面，幼虫只能在长叶西番莲上完成个体发育。

雌雄差异：云南丽蛱蝶的雌蝶和雄蝶同型。

生活习性：云南丽蛱蝶的成虫常常在海拔 1 200 米以下的山林地带活动，常在林内空地或林子外缘活动，它们飞行速度非常快，所以难以捕捉。它们喜欢分散开来栖息，经常"装死"，平时也喜欢飞到果园和花园中去。

栖息环境：云南丽蛱蝶主要栖息在热带雨林中，通常是在河流附近，海拔 300 米左右的地方。

头部呈黑色

白斑周围的黑色缘

翅外缘呈波浪状

后翅基部呈粉绿色

前翅各种形状的大白斑

前缘为黑色

外缘淡黄色的边线

特别鉴赏：云南丽蛱蝶是云南的省蝶，其翅膀颜色鲜艳，是蝴蝶收藏的高档品种。云南丽蛱蝶是集工艺、生态观赏和喜庆放飞三用于一身的特别蝶种。

| 翅展：9～10 厘米 | 活动时间：白天 | 食物：花粉、花蜜、植物汁液等 |

美眼蛱蝶

科属：蛱蝶科、眼蛱蝶属
别名：猫眼蛱蝶、孔雀眼蛱蝶、猫眼蝶、
蓑衣蝶

美眼蛱蝶的翅面为橙黄色，前翅外缘分布 3 条黑色的波状线，前后翅各有 2 ~ 3 个眼状斑，其中后翅前部的眼状斑最大。前翅近前缘排列有 4 个斑纹。翅膀的反面为浅黄色或黄褐色。美眼蛱蝶有季节型，分夏型和秋型 2 种。这 2 种蝶的明显区别为秋型蝶的前翅外缘和后翅臀角均有角状的突起；反面的斑纹不太明显，色泽呈枯叶状。

分布区域：美眼蛱蝶在国内分布于除西北地区以外各地；国外分布日本、印度、巴基斯坦、斯里兰卡、孟加拉国、尼泊尔、不丹、越南、老挝、柬埔寨、缅甸、泰国、新加坡、马来西亚、印度尼西亚。

幼体特征：美眼蛱蝶幼虫身体为黑褐色，背上密生有脊刺。幼虫主要以车前草科的车前草、马鞭草科的过江藤等为食。

前翅的眼状斑

夏型蝶

后翅的两个眼状斑

橙黄色的翅面

前翅近前缘成列的 4 个斑纹

秋型蝶（腹面）

前翅外缘的角状突起

雌雄差异：美眼蛱蝶的雌蝶翅膀的上只有小的线圈，翅膀反面的各眼状纹大小差异不太明显。

翅膀色泽呈枯叶状

后翅臀角的角状突起

外缘的 3 条黑色波状线

生活习性：美眼蛱蝶一般在日间活动，它的成虫喜欢在比较开阔的地方活动飞行，飞行速度快，也非常喜欢贴着地面飞行，喜欢访花，往往会选择天气晴朗的时候访花。

栖息环境：美眼蛱蝶的栖息环境多种多样，在季风森林、种植园、农田和花园中都能看见它们的身影。

繁殖特点：美眼蛱蝶的繁殖是全年性的，所以全年都可见成虫。

| 翅展：4.5 ~ 5.4 厘米 | 活动时间：白天 | 食物：花蜜、腐烂果实的汁液等 |

青豹蛱蝶

科属：蛱蝶科、青豹蛱蝶属

黑色的斑点　　　　　前翅为橙黄色

雄蝶

后翅的橙色无斑
区比前翅较宽

　　青豹蛱蝶雌雄异型，区别较大，整体分别呈橙色和青黑色，观赏价值比较高。

分布区域： 青豹蛱蝶在国内分布于黑龙江、吉林、陕西、河南、浙江、福建、广西；在国外分布于日本、朝鲜、韩国和俄罗斯。

幼体特征： 青豹蛱蝶的幼虫以堇

菜科植物的叶片和嫩芽为食，幼虫在成长的过程中渐渐变大，等到外皮不能将其身体包裹住时便开始蜕皮。

雌雄差异： 青豹蛱蝶雄蝶翅膀为橙黄色，前翅反面为淡黄色，前翅上有黑色性标，后翅外侧有黑纹，有一条较宽的橙色无斑区。雌蝶翅膀为青黑色，雌蝶前翅反面顶角为绿褐色，中室内外有一个长方形大白斑，后翅外缘有一列三角形白斑，中部有一条白宽带。

生活习性： 青豹蛱蝶喜欢在日光下活动，飞行迅速，行动敏捷，有

的在休息时还会不停地扇动翅膀。

栖息环境： 青豹蛱蝶多数喜欢栖息在低处，也有一些比较特殊的栖息在高山林区。

| 翅展：8.6 ~ 9.2 厘米 | 活动时间：白天 | 食物：花蜜、果汁、树汁或粪便的汁液等 |

小环蛱蝶

科属：环蝶科、环蝶属
别名：小三线蝶

前翅中室断续
状的白色纵纹

翅面呈黑色　　后翅白色斑块
组成的横带

　　小环蛱蝶头部、背部均为黑色，黑色的翅面分布有白色的斑纹，前翅中室有一条断续状的白色纵纹，端部为箭头状的斑纹，中域内的白斑呈弧形排列。反面的前翅基部沿外缘至中室三角形斑有一条白色的细纹，后翅有 2 条白色斑块

组成的横带。

分布区域： 小环蛱蝶在国内分布于黑龙江、吉林、辽宁、北京、河北、河南、陕西、湖北、四川、甘肃、云南和台湾；在国外分布于日本、朝鲜、韩国、印度、巴基斯坦以及欧洲各国。

幼体特征： 小环蛱蝶的幼虫以寄主植物的叶片和嫩芽为食，寄主植物为香豌豆、胡枝子、五脉山黧豆、大山黧豆等。

雌雄差异： 小环蛱蝶雌雄异型。雌蝶的翅边缘颜色较浅，翅膀上的斑点没有雄蝶的斑点清晰；雄蝶翅膀边缘颜色深，翅膀上的白

色斑点清晰。

生活习性： 小环蛱蝶在日间活动，飞行速度缓慢，飞行高度低，喜欢在空中滑翔。成虫喜欢访花，一年发生 1 ~ 2 代。

栖息环境： 小环蛱蝶多栖息在低海拔山区，但是冬季例外。

| 翅展：9 ~ 11 厘米 | 活动时间：白天 | 食物：坠落的腐果、粪便等的汁液 |

中环蛱蝶

科属：环蝶科、环蝶属
别名：豆环蛱蝶、琉球三线蛱蝶

中环蛱蝶的背部为黑色，触角顶端黄色。翅膀表面黑褐色，波状的外缘分布有白色的缘毛，前翅中域内的白斑呈弧形排列，前翅中室内有一条长形纵带，前方有一个箭头状的斑纹。后翅有 2 条白色斑组成的条带，中域内的条带较宽。

翅膀的表面为黄色或黄褐色，斑纹清晰，翅膀边缘有明显的黑色线条围绕。

分布区域： 中环蛱蝶在国内主要分布于广东、海南、广西、台湾、云南、陕西、河南和四川；国外在印度、缅甸、越南、马来西亚也有分布。

幼体特征： 中环蛱蝶的幼虫以蝶形花科、豆科、榆科、蔷薇科等植物的叶片和嫩芽为食。幼虫体形较大者经常会把叶片吃干净或钻蛀枝干。体形较小的幼虫往往卷叶、吐丝结网或是钻进植物组织内部进食。

雌雄差异： 中环蛱蝶的雄蝶翅面斑点清晰，颜色深；雌蝶翅面斑点的颜色稍微浅一些。

生活习性： 中环蛱蝶一般都在日间活动，活动环境大多为树丛、

箭头状的斑纹　　前翅中室内的长形纵带

白色的斑纹　　后翅中域内的条带较宽

庭园和比较潮湿的林沟。成虫起飞前会先震动翅膀，然后在低处慢慢滑翔，当它们准备休息时，会将双翅合起来。

栖息环境： 中环蛱蝶多栖息在树丛林地，丘陵和高山地带也能看到它们的身影。

翅展：4 ~ 5 厘米	活动时间：白天	食物：花粉、花蜜、植物汁液等

荨麻蛱蝶

科属：蛱蝶科、荨麻蛱蝶属
别名：小樱蝶

荨麻蛱蝶翅面为黄褐或红褐色，分布有黑色或黑褐色的斑纹，前翅前缘为黄色，前翅外缘齿状，翅端呈镰形，外缘的一条宽带呈黑褐色，顶角内侧有一道白色斑点，中室内外和下面各有一道黑斑。后翅

基部为灰色，前后翅外缘的黑褐色宽带内均有 7 ~ 8 个青蓝色的三角形斑点组成的斑列。翅膀反面为黑褐色，翅中部有一条浅色的宽带。

分布区域： 荨麻蛱蝶分布于日本、朝鲜、韩国以及欧洲。在我国主要分布于北京、黑龙江、吉林、辽宁、甘肃、青海、新疆。

幼体特征： 荨麻蛱蝶的幼虫身体为黑色，体背中部和体侧有一条黄色的纵带。幼虫以荨麻、大麻等植物的叶片和嫩芽为食。

顶角内侧的白色斑点　　前翅中室内的黑斑

青蓝色的三角形斑点组成斑列

生活习性： 荨麻蛱蝶一般在日间活动，它们的生活与人类活动相关性较强。荨麻蛱蝶的成虫在 3~4 月会进行冬眠。

栖息环境： 荨麻蛱蝶对于栖息环境的要求不高，除极地地区，它们在各种各样的栖息地都能生存。

翅展：3.8 ~ 4.8 厘米	活动时间：白天	食物：花蜜、植物汁液等

亚洲红细蝶

科：蛱蝶科

亚洲红细蝶翅膀图案变异较大，翅色为暗褐色和橙色，部分标本全为黑色。

分布区域：亚洲红细蝶分布于北印度至巴基斯坦、缅甸，有部分分布于我国南部地区。

幼体特征：幼虫身体呈黑色，长有肉刺，头部红色。幼虫一般群集生活，其散发出的浓郁警告气味让鸟类生厌，以苎麻属、水麻属和醉鱼草属植物的叶片为食。

雌雄差异：雄蝶前翅前缘为黑褐色，头部有红斑，后翅外缘有一列淡色斑点，被黑色的"U"形纹围着。雌蝶一般比雄蝶大，斑

雄蝶

头部有鲜明的红斑

前翅的前缘为黑褐色

后翅黑色的"U"形纹

外缘的淡色斑点

纹的颜色更深。前翅的颜色较后翅深，后翅边缘有红褐色。其翅膀反面和正面相似，但颜色较淡，没有暗色的边带。

生活习性：亚洲红细蝶一般在日间活动，成虫喜欢访花。

栖息环境：亚洲红细蝶栖息在落叶林中。

繁殖方式：亚洲红细蝶属于完全变态昆虫，它们的繁殖会经历产卵、孵化、结蛹和羽化4个阶段。

翅展：4.5 ~ 8 厘米	活动时间：白天	食物：花粉、花蜜、植物汁液等

黄钩蛱蝶

科属：蛱蝶科、钩蛱蝶属
别名：金钩角蛱蝶、狸黄蛱蝶、黄蛱蝶、黄弧纹蛱蝶、多角蛱蝶

黄钩蛱蝶的翅面为黄褐色，基本有黑色的斑，翅膀边缘呈凹凸状。前翅中室内有3个黑色的斑点，后翅基部有一个黑点。黄钩蛱蝶的季节型比较分明。其前翅和后翅外缘突出部分尖锐，秋型蝶尤其明显，

翅膀为黄褐色

后翅反面中域有一个银白色"C"形图案。

分布区域：黄钩蛱蝶在我国的分布比较广，除了西藏，其余各省均有分布；在国外的分布地为朝鲜、韩国、蒙古、日本、越南和俄罗斯。

后翅的黑斑点

后翅外缘的尖锐突出

幼体特征：黄钩蛱蝶的幼虫身体表面布满枝刺，比较漂亮。幼虫主要以桑科植物葎草为食，也有文献记载其取食榆、梨等植物。

雌雄差异：黄钩蛱蝶的雌蝶颜色略偏黄色，雄蝶前足有一节附节，雌蝶有5节。

生活习性：黄钩蛱蝶主要在春末至夏季发生，飞行动作比较敏捷，

飞翔高度低，它们喜欢在低矮的植物中飞舞，比较容易捕捉。

栖息环境：冬天黄钩蛱蝶会栖息在不为人知的角落里避寒，平时多栖息在山谷中。

翅展：7.5 ~ 10 厘米	活动时间：白天	食物：粪便、腐烂水果、植物等的汁液

珍珠贝蛱蝶

科：蛱蝶科

珍珠贝蛱蝶翅膀呈淡白绿色，半透明状，有紫色虹光弥漫，比较显眼。珍珠贝蛱蝶的前翅和后翅都有深色的眼纹，在后翅尾状突起附近的眼纹色彩明亮，更加突出。其明亮的眼纹能够让捕食者失去方向感，从而保护自己。后翅外缘呈波浪形，内缘区域为淡褐色。珍珠贝蛱蝶翅膀的反面和正面较为相似，但是反面有更深的翅缘和较小的红色眼纹。

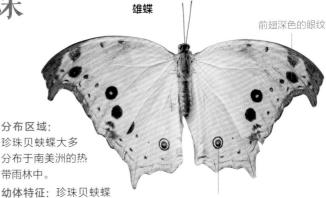

雄蝶

前翅深色的眼纹

后翅的眼纹
色彩明亮

分布区域：珍珠贝蛱蝶大多分布于南美洲的热带雨林中。

幼体特征：珍珠贝蛱蝶的幼虫呈暗褐色，身体上长有刺，背部缀有一条橙红色斑连接成的色带。

雌雄差异：珍珠贝蛱蝶的雌蝶和雄蝶两性相似。

生活习性：珍珠贝蛱蝶一般在日间活动，成虫喜欢访花吸取花蜜作为食物，来给自己提供一定的营养。

栖息环境：珍珠贝蛱蝶多栖息在热带地区，且主要栖息在南美的热带雨林中。

翅展：4.5 ~ 5.7 厘米	活动时间：白天	食物：花蜜、植物汁液等

柳紫闪蛱蝶

科属：闪蝶科、闪蝶属
别名：柳紫闪蝶、柳闪蛱蝶、紫蛱蝶

柳紫闪蛱蝶是原生于欧洲和亚洲地区的蝶种，其外形和帝王紫蛱蝶比较相似，翅膀为黑褐色，阳光照射时能泛出强烈的紫光。前翅约有 10 个白斑，中室内点缀有 4 个黑点，后翅中央有一条白色横带，并且有一个小眼斑，和前翅的眼斑相似。

前翅的白色斑点　黑褐色的翅膀

波状的外缘　黑色的蓝瞳眼斑

分布区域：柳紫闪蛱蝶主要分布于我国黑龙江、吉林、江苏、福建、四川，还有一些分布于朝鲜及欧洲。

幼体特征：柳紫闪蛱蝶的幼虫身体为绿色，头部有一对白色角状突起。寄主为杨科、柳科植物。高龄幼虫的危害非常大，严重的时候能把叶片吃光只剩下叶柄。幼虫在树干缝隙内过冬。

雌雄差异：柳紫闪蛱蝶的两性差异不大，可以靠雄蝶在阳光下会闪射出紫色光泽来区分。

生活习性：柳紫闪蛱蝶一般在白天活动，成虫飞行速度十分快。该蛱蝶每年可发生 3 ~ 4 代。

栖息环境：柳紫闪蛱蝶栖息在寄主植物的叶片丝座上，冬天会栖息在植物根部，或是找一个落叶林，栖息在落叶堆中，安全度过冬季。栖息环境为海拔 1 000~1 500 米的山区。

翅展：5.9 ~ 6.4 厘米	活动时间：白天	食物：花粉、腐烂水果、畜粪、植物汁液等

小红蛱蝶

科属：蛱蝶科、红蛱蝶属

触角顶部膨大呈锤状

小红蛱蝶色彩鲜艳，身体比较细小，触角较长，花纹比较复杂，顶部呈明显的锤状。翅膀稍大，正面呈橘褐色，前翅多为三角形，翅端呈黑色，在近顶角处有明显的白色带和白色斑点。后翅近圆形或近三角形，外缘有成列的黑色斑点，边缘呈锯齿状。翅反面为褐色或灰色。小红蛱蝶和大红蛱蝶的不同是，前者的前翅顶角附近有几个小白斑，翅膀中域有不规则的红黄色横带，后翅基部密生有黄色的鳞片。

雌雄差异： 小红蛱蝶的雌蝶和雄蝶差异性不大。

生活习性： 小红蛱蝶分布广泛，具有长距离迁飞的能力，它们会在春天和秋天进行迁徙，春季迁徙的规模非常惊人，数以百万的蝴蝶在 7 ~ 8 周的时间同时进行迁徙。成虫喜欢在多种植物（特别是菊科植物）上吸食花蜜。

栖息环境： 小红蛱蝶常栖息在比较温暖的环境中。

繁殖方式： 小红蛱蝶是完全变态昆虫，它们的一生会经历 4 个阶段，即卵、幼虫、蛹和成虫。小红蛱蝶的卵是薄荷绿色的，孵化时间是在产卵 3 ~ 5 天后，小红蛱蝶的幼虫有五龄，12 ~ 18 日后化蛹，蛹期大概为 10 天，蛱蝶成虫性成熟后便羽化，成虫可活 2 个星期。这样的繁殖在温带地区终年发生。

分布区域： 小红蛱蝶分布于整个温带地区，也分布于热带山区。

幼体特征： 幼虫身体为长圆筒形，头部较小，多有突起，体节上有枝刺。寄主多为堇菜科、忍冬科、杨柳科、桑科、榆科、大戟科、茜草科植物。幼虫以寄主植物的叶片和嫩芽为食。

黑色的翅端

前翅多为三角形

外缘有成列的黑斑点

白色的斑点

近顶角处的白色带

后翅近圆形或近三角形

锯齿状的边缘

翅展：4.5 ~ 6.5 厘米　　　活动时间：白天　　　食物：腐烂果实、植物汁液等

优红蛱蝶

科属：蛱蝶科、红蛱蝶属
别名：红色海军上将蛱蝶、海军上将蛱蝶

优红蛱蝶翅膀色彩鲜艳，花纹比较复杂，头部和背部为黑色，前翅正面为黑色，中部分布有红色带，在近顶角处有白色的心形斑纹。后翅也呈黑色，有红橙色的条带，条带内点缀有成列的黑色小斑点，在边缘处有白色细带。

生活习性： 优红蛱蝶是常见的迁徙蝶种，成虫在春天和秋天时非常活跃，在 5 ~ 8 月从北非和南欧迁移。当有入侵者进入它们的领地，它们会主动出击驱赶入侵者。优红蛱蝶飞行速度快，并且在飞行中可以快速改变飞行方向。它们的活动时间在春天和秋天，3 ~ 11 月是其冬眠时间。

栖息环境： 优红蛱蝶主要群栖于稀树草原或森林草原、湿地沼泽、潮湿的树林、庭院、公园等潮湿的环境。

前翅正面为黑色

红橙色的条带

前翅的白色斑纹

前翅正中的红色带

成列的黑色小斑点

黑色的背部

黑色的后翅

触角细长，顶端膨大

分布区域： 优红蛱蝶的分布区域比较广，包括欧洲、亚洲、北非和北美。

幼体特征： 幼虫的寄主植物主要为荨麻科植物和大麻科的啤酒花，幼虫以寄主植物的叶片和嫩芽为食。幼虫头上经常有突起，体节上生有枝刺，成熟的幼虫身体呈圆柱形。

雌雄差异： 该蝶种可以从雄蝶具有很强的领域性这一特点进行两性区分，雄蝶会在领地里飞翔，寻找合适的伴侣。

翅展：4.5 ~ 12 厘米　　　活动时间：白天　　　食物：花蜜、发酵水果、苜蓿、鸟粪、植物汁液等

白带螯蛱蝶

科属：蛱蝶科、螯蛱蝶属

前翅的白色宽带向前延伸

成列白色的斑点

翅面为黄褐色

后翅的黑色宽带

雌蝶

　　白带螯蛱蝶属于节肢动物门，分为白带型和黄带型两种。其翅膀正面是红棕色或黄褐色，反面是棕褐色。触角黑色，复眼紫褐色，喙黄褐色，下唇须腹面被白色鳞毛。

分布区域：白带螯蛱蝶在国内分布于四川、云南、浙江、江西、湖南、福建、广东、海南、香港；在国外分布于斯里兰卡、印度、缅甸、泰国、马来西亚、新加坡、印度尼西亚、菲律宾。

幼体特征：白带螯蛱蝶的幼虫寄主植物为樟、浙江樟、油樟、降真香、南洋楹、海红豆等。幼虫以寄主植物的叶片、嫩叶为食。末龄幼虫头部深绿色，身体为深绿色。老熟幼虫在叶片正面过冬。

雌雄差异：白带螯蛱蝶的雄蝶前翅有很宽的黑色外缘带，中区有白色横带，后翅亚外缘有黑带，自前缘向后逐渐变窄，M_3脉突出成齿状。反面前翅中室内有 3 条短黑线，后翅在一列小白点的外缘有小黑点，斑纹同正面，颜色较浅。

前翅的黑色外缘

雄蝶

中区的白色横带

黄褐色的翅面

后翅的黑带

突出的翅脉呈齿状

雌蝶前翅正面白色宽带伸到近前缘，外侧多一列白色点，后翅中域前半部分也有白色宽带，黑色宽带内有白点列，M_3脉突出呈棒状，雌蝶的颜色和斑纹多变化。

生活习性：白带螯蛱蝶一般在日间活动，它们的飞行速度十分快。雄蝶的领域性非常强，它们习惯于长时间守候在树梢上等待雌蝶的出现。当遇到入侵者侵犯，它们会驱赶甚至用自己的身体直接撞向对方。

栖息环境：白带螯蛱蝶多栖息在温暖的环境中，多在树叶上栖息。

繁殖方式：白带螯蛱蝶的卵多产于老绿色叶片正面，一般每叶上会产一粒。幼虫的孵化多在上午和清晨，孵化后会立即吃掉自己的外壳。幼虫除了食时间，其他时间基本都在叶片上，其身体颜色和叶片的颜色很是相似。幼虫会在树干或小枝叶柄上化蛹，成虫性成熟后便会羽化。

| 翅展：8～10 厘米 | 活动时间：白天 | 食物：花蜜、植物汁液等 |

翠蓝眼蛱蝶

科属：蛱蝶科、眼蛱蝶属
别名：青眼蛱蝶、孔雀青蛱蝶

　　翠蓝眼蛱蝶雄蝶前翅面基半部为深蓝色，有黑绒光泽，中室内有 2 条橙色棒带，前翅有 2 个眼纹；后翅面后缘为褐色，除此之外的大部分均呈宝蓝色光泽。该蝶种季节型较强。秋型蝶前翅的反面颜色较深，后翅多为深灰褐色，斑纹不显。夏型蝶呈灰褐色，前翅缀有黑色的眼纹，基部有 3 条橙色的横带，后翅眼纹不明显。冬型蝶颜色较深暗，所有的斑纹均不明显。

中室内的 2 条显著的橙色棒带

雌蝶

外缘呈波浪形

雄蝶

不明显的眼纹

黑绒光泽

后翅大部分呈宝蓝色

后翅的眼纹

雌雄差异： 翠蓝眼蛱蝶雌蝶翅膀为深褐色，前翅中室内 2 条橙色棒带和眼纹都比较显眼，后翅大部为深褐色，眼状斑不仅比雄蝶大，而且更为显著。

生活习性： 翠蓝眼蛱蝶一般在日间活动，成虫喜欢访花，吸取花蜜。

栖息环境： 翠蓝眼蛱蝶的多栖息在低山地带以及荒芜的草地里。

繁殖方式： 翠蓝眼蛱蝶属于完全变态昆虫，它们的繁殖会经历产卵、孵化、结蛹和羽化 4 个阶段。

分布区域： 翠眼蓝蛱蝶在国内主要分布于陕西、河南、江西、湖北、湖南、浙江、云南、重庆、贵州、广西、广东、香港、福建、台湾；在国外主要分布于日本、越南、缅甸、泰国、马来西亚、印度。

幼体特征： 翠蓝眼蛱蝶的幼虫以金鱼草和水蓑衣属植物的叶片和嫩芽为食。

| 翅展：5 ~ 6 厘米 | 活动时间：白天 | 食物：花蜜、粪便、植物汁液等 |

宽纹黑脉绡蝶

科属：蛱蝶科、黑脉绡蝶属
别名：琉璃翼蝶

翅膀边缘有红色、橙色和深褐色

翅膀呈透明状，没有鳞片

身体细而且长

宽纹黑脉绡蝶身体细且长，颜色暗淡，翅膀边缘并不透明，主要有红色、橙色和深褐色3种颜色。其透明状的翅膀是一种防御机制，翅面没有颜色和鳞片，翅膀的边界和脉纹为深棕色至棕红色，使其在飞行过程中很难被捕食者发现。胸前的一对脚退化得很短，看上去仅有4只脚。

分布区域：宽纹黑脉绡蝶的分布地区有墨西哥、巴拿马、哥伦比亚、哥斯达黎加、委内瑞拉、美国，主要集中在南美洲和中美洲一带。

幼体特征：宽纹黑脉绡蝶幼虫以寄主植物西番莲的叶子为食。幼虫的形状多变，既有肉虫，也有毛虫。幼虫的身体为半透明状，幼虫的身体能够形成背侧投影的效果，可以迷惑捕食者。

生活习性：宽纹黑脉绡蝶在日间活动，善于飞行，成虫飞行得非常快，速度可以达到每小时8千米。成虫的翅膀可以承受自身体重40倍重量的物体。成虫喜欢访花，尤其喜欢吸食马缨丹属植物的蜜。成虫吸食菊科植物后会将吡咯联啶生物碱留在体内以抵御捕食者。

| 翅展：5～6厘米 | 活动时间：白天 | 食物：花蜜、腐烂的果实、植物汁液等 |

大绢斑蝶

科属：斑蝶科、绢斑蝶属
别名：淡色小纹青斑蝶、相纹斑蝶、
　　　淡纹青斑蝶

从翅基部发出的浅青蓝色条纹

细长的躯体

大绢斑蝶体形较大，是青斑蝶类中体形最大的种类，翅膀正面为黑褐色，从翅基部发出数条浅青蓝色条纹，中域和各个翅室内都分布浅蓝色斑。该蝶种胸部为棕褐色，腹部是棕红色。前翅翅缘以及脉纹为棕褐色，翅膀表面为白色蜡质半透明的斑纹，基部斑纹大，端部斑纹小。

分布区域：大绢斑蝶在国内分布于辽宁、江苏、湖南、江西、四川、贵州、云南、西藏、浙江、福建、广西、广东、海南、香港、台湾；在国外分布于印度、尼泊尔、越南、老挝、柬埔寨、泰国、缅甸、阿富汗、孟加拉、马来西亚、不丹、巴基斯坦、印度尼西亚、朝鲜、韩国和日本。

幼体特征：大绢斑蝶的幼虫以寄主植物萝藦科南山藤属、醉魂藤属和球兰属植物的叶片和嫩芽为食。

生活习性：大绢斑蝶一般在日间活动，喜欢在草地上滑翔，活跃于树林或空旷的地方。它们以富含生物碱基的植物为食，体内含有大量毒素。它们善于飞行，飞行距离较远，可进行长途迁徙。

| 翅展：8～10厘米 | 活动时间：白天 | 食物：花蜜、植物汁液等 |

虎纹斑蝶

科属：斑蝶科、斑蝶属

虎纹斑蝶是变异极大的蝴蝶，其翅膀上共有橙色、黑色和黄色 3 种色彩，颇为显眼，黑色和橙色警示鸟类和捕食者这类蝴蝶不宜食用，类似于一些毒蝶。虎纹斑蝶后翅的后缘有黑色带，中间分布着排成列的白色斑点。翅膀反面的

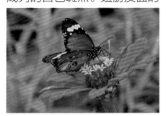

颜色比正面暗淡，缀有橙色斑块，上面弥漫着褐色。

分布区域： 虎纹斑蝶主要分布于墨西哥至巴西一带，还有的分布于美国南部地区。

幼体特征： 虎纹斑蝶的幼虫身体呈黑色，背部有特别的白色带，还有一对黑色的软触毛。幼虫以无花果和番木瓜等为食。

生活习性： 虎纹斑蝶一般在日间

翅顶角呈黑色

黑色和橙色有警示的作用

翅边缘的白色斑点

后翅后缘的黑色带

活动，飞行速度缓慢，成虫比较喜欢访花，通过吸食花蜜补充营养。

栖息环境： 虎纹斑蝶比较喜欢栖息在潮湿的环境中。

| 翅展：7 ~ 8 厘米 | 活动时间：白天 | 食物：花粉、花蜜、植物汁液等 |

孔雀眼蛱蝶

科属：蛱蝶科、眼蛱蝶属

孔雀眼蛱蝶翅面上的斑纹变异较多，醒目的大眼纹是其显著特征，也使其容易辨别。孔雀眼蛱蝶的身体背部为黑褐色，有棕褐色短绒毛。其触角棒状明显，端部为灰黄色，翅膀是鲜艳的朱红色。前翅有一个黑色的大眼纹，中室内有 2 条橙色带，后翅有一大一小 2 个眼纹，翅外缘呈波浪形。

分布区域： 孔雀眼蛱蝶在国内的分布地区有北京、河北、吉林、青海、陕西等；在国外其分布遍

及北美，从加拿大安大略省到美国佛罗里达州均有。

幼体特征： 孔雀眼蛱蝶的幼虫身体为绿色至黑灰色，且分布着黄色和橙色的斑点。幼虫以车前草的叶子为食。

雌雄差异： 孔雀眼蛱蝶雌雄两性相似，无明显差异。

生活习性： 孔雀眼蛱蝶在日间活动。它们是鸟类最爱吃的美味，为此它们经常一动不动"装死"，把带有眼状斑纹的翅膀展开，以吓退捕食者。成虫喜欢访花来获

中室内有两条橙色带

前翅的黑色的大眼纹

黑褐色的身体

后翅的 2 个眼纹

取花蜜，通过吸食花蜜给自己提供营养。成虫几乎全年可见。

栖息环境： 孔雀眼蛱蝶栖息在平原等低海拔地区。

| 翅展：5 ~ 6 厘米 | 活动时间：白天 | 食物：花粉、花蜜、腐烂的果实等 |

71

黄缘蛱蝶

科属：蛱蝶科、蛱蝶属
别名：孝衣蝶

一列黑圈的蓝斑

翅外边缘的黄色带

深紫色的背部

后翅外缘中部的尾状突起

　　黄缘蛱蝶背部是深紫色，前翅的轮廓比较特别，有2块淡黄色的斑点位于前翅前缘，前翅和后翅的外边缘均有淡黄色带，黄色带上斑点密布，紧挨着黄色带有一列黑圈的蓝斑，比较容易辨认，后翅外缘中部有尾状的突起。

分布区域：黄缘蛱蝶广泛分布于欧洲以及亚洲温带地区。

幼体特征：黄缘蛱蝶的幼虫身体呈绒黑色，长有刺，以各种不同落叶树的叶片和嫩芽为食。

雌雄差异：黄缘蛱蝶的雌蝶和雄蝶相似，差异不太明显。

生活习性：黄缘蛱蝶通常在日间活动，飞行缓慢。成虫喜好访花，通过吸取花蜜来给自己提供营养。

栖息环境：黄缘蛱蝶栖息在比较温暖的地方。

繁殖方式：黄缘蛱蝶属于完全变态昆虫，它们的繁殖要经历，产卵、孵化、结蛹和羽化4个阶段。成虫会将卵产于寄主植物上面，一段时间后卵孵化为幼虫，幼虫成熟后开始吐丝结蛹，成虫在蛹内慢慢发育，成虫性成熟后就会羽化而出。

| 翅展：6～8厘米 | 活动时间：白天 | 食物：花粉、花蜜、植物汁液等 |

箭环蝶

科属：环蝶科、箭环蝶属
别名：路易箭环蝶

前翅正面为黄褐色

后翅外缘呈波浪形

后翅周边有一圈矛头状的斑点

　　箭环蝶属于大型蝶种，身体为褐黄色，体形大，前翅正面黄褐色，前后翅周边有一圈箭镞状的黑色斑点，像小鱼图案。翅膀反面中间有一列红褐色的圆形斑，中心为米色，斑点边缘为深褐色，圆斑内侧有2条暗褐色的线纹，近似人形的侧影图。

分布区域：箭环蝶主要分布于我国云南省。

幼体特征：箭环蝶的幼虫以竹叶为食。幼虫期虫口密度大，一般会采用烟雾机防治。

雌雄差异：箭环蝶雌蝶斑纹比雄蝶大，雌蝶斑纹颜色比较深。

生活习性：箭环蝶比较特别的是不在白天活动，经常在树荫和竹林间穿梭飞行。箭环蝶的寄主植物主要是禾本科的中华大节竹和棕榈科的棕榈。

栖息环境：箭环蝶一般栖息在丘陵地带。

防治方法：箭环蝶的防治措施有3种。营林措施：冬天及时清理林地内的杂草和枯枝落叶，这样可以减少箭环蝶的幼虫数量。生物防治：在幼虫期用白僵菌粉炮防治，或在林内释放赤眼蜂。化学防治：配置药剂进行喷洒，从而达到杀虫的效果。

| 翅展：10～11厘米 | 活动时间：黎明或傍晚 | 食物：人畜粪便、腐叶烂果等 |

斜带环蝶

科属：环蝶科、带环蛱蝶属

斜带环蝶身体呈黑色，翅面的底色为深褐色，前翅前缘中部到后角有一条宽大的中黄色斜带，顶角有小白斑，后翅边缘有一大一小 2 个浓橙色的斑块。后翅反面有一个雏鹰状的斑纹，下部有一个珠状的斑纹。

分布区域： 斜带环蝶在国内主要分布于云南；在国外分布于缅甸、泰国和新加坡等国。

幼体特征： 斜带环蝶的幼虫以寄主植物的叶片和嫩芽为食物。

生活习性： 斜带环蝶在日间活动，飞行比较缓慢。成虫喜欢访花，吸食花蜜。

栖息环境： 斜带环蝶一般栖息在潮湿背阴的地方。

观赏价值： 斜带环蝶的收藏价值和观赏价值都很高，是云南省最珍贵蝶种之一，被人们誉为"丛林之王"。因为斜带环蝶后翅下部的雏鹰斑纹和珠状斑纹，所以得有"雏鹰护珠"的称号。

前翅宽大的中黄色斜带　　顶角有小白斑

后翅边缘的浓橙色斑块　　翅面底色为深褐色

| 翅展：7.5 ~ 10 厘米 | 活动时间：白天 | 食物：花粉、花蜜、植物汁液等 |

斑珍蝶

科属：珍蝶科、珍蝶属

斑珍蝶的翅面为橙黄色，分布有黑色的斑纹，前翅外缘中上部有浅黑色的带，中室内有 2 个黑色横斑，中室外有 4 个黑斑排成列，中室下方有 3 个斑点。后翅翅面散乱分布着黑色小斑点，其外缘带较宽，外缘带中央有一列淡棕色的圆点，内侧呈锯齿状。

分布区域： 斑珍蝶在国内主要分布于云南和海南；在国外分布于印度、斯里兰卡、印度尼西亚等国。

幼体特征： 斑珍蝶幼虫栖息在叶片背面，以叶片为食。幼虫以群栖为主，常常吐丝将食物残渣和粪便黏在一起作为自己的藏身场所。幼虫四龄后开始分散开来栖息，幼虫取食三开瓢后生长发育正常。

生活习性： 斑珍蝶在日间活动，飞行缓慢，飞行高度比较低。它们的寿命比较长。成虫喜欢访花，喜欢在草丛茂盛的溪沟边、山坡和农田活动。

栖息环境： 斑珍蝶栖息在热带半落叶林季雨林、热带常绿季雨林。主要生活在海拔比较低的草原和开阔林地。

繁殖方式： 斑珍蝶一年会发生 4 代，全代经历周期在 45 天左右。野外的成虫在 5 ~ 10 月出现。

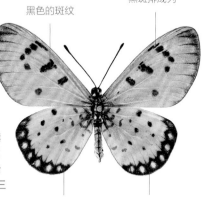

中室外有 4 个黑斑排成列

黑色的斑纹

后翅的外缘黑带较宽　　黑斑内侧呈锯齿状

| 翅展：3.2 ~ 3.5 厘米 | 活动时间：白天 | 食物：花蜜、腐烂的果实、植物汁液等 |

网丝蛱蝶

科属：蛱蝶科、蛱蝶属
别名：丝纹蛱蝶、石崖蝶、石墙蝶、崖胥蛱蝶

网丝蛱蝶翅膀略呈透明的白色或残旧的黄色，前翅外缘有黑边，顶角尖锐，淡褐色，后角有一个赭色夹杂着绿黄色的斑，像花束一样。一些清晰的褐色条纹从前翅前缘横穿后翅，直达后缘，和翅脉相交形成网状的纹饰，和地图的经纬线很相似。后翅外缘呈波浪状，有尾突，较短，后翅臀角有2个花束般的花纹，和前翅的后角相似。

分布区域：网丝蛱蝶在国内主要分布于广东、四川、西藏、云南、浙江、江西、广西、海南、台湾；在国外分布于日本、印度、尼泊尔、泰国、缅甸、越南、马来西亚、印度尼西亚、巴布亚、新几内亚等国。

幼体特征：幼虫以榕属植物的叶片为食。幼虫的身体独特，背部有一根粗壮的肉棘。终龄幼虫身体呈绿色，能和绿色的叶片混为一体，有较好的伪装作用。

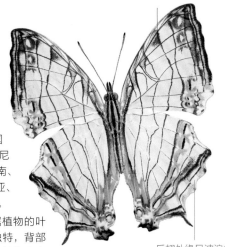

翅膀略呈白色或黄色

后翅外缘呈波浪状

生活习性：网丝蛱蝶在日间活动，它们喜欢停留在树顶和石面上，飞行缓慢，静止时通常是翅膀平展开来。成蝶喜欢在溪水边嬉戏，吸水。网丝蛱蝶的蛹外观有如一片枯萎的榕树树叶，而且会随着环境的变化而呈现出暗褐色或绿色的外貌，具有隐蔽作用。

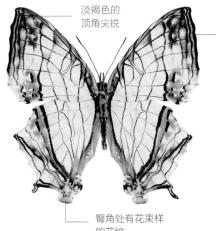

淡褐色的顶角尖锐

前翅外缘有黑边

臀角处有花束样的花纹

条纹从前翅横穿后翅，和翅脉相交成网状

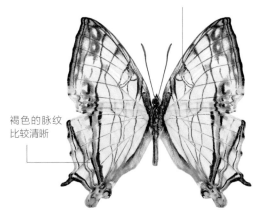

褐色的脉纹比较清晰

栖息环境：网丝蛱蝶栖息在树干、石头或悬崖山壁上。

趣味小课堂：网丝蛱蝶的亚种分化为：黑缘丝蛱蝶、八目丝蛱蝶、网丝蛱蝶、石墙蝶和白雪丝蛱蝶。

| 翅展：4.5 ~ 5.5 厘米 | 活动时间：白天 | 食物：动物粪便、腐烂的果实、植物汁液等 |

端紫斑蝶

科属：斑蝶科、紫斑蝶属
别名：异纹紫斑蝶、雌绿紫斑蝶、蓝缘鸦

端紫斑蝶属大型的有毒蝶种，除冬季外均在平地至中海拔山区生活。后翅大部分呈咖啡色，基部有淡的三角形斑，翅缘的白点色淡。

分布区域：端紫斑蝶在国内主要分布于南部地区；在国外主要分布于印度、马来西亚、菲律宾。

幼体特征：幼虫有毒，身体呈黄褐色，分布有深浅不一的色带和4对尖长的黑色须，以无花果、夹竹桃以及各种马兜铃属植物的叶片为食。

翅面底色为褐色

前翅的紫色没有雄蝶的明显

雌蝶

后翅白色的细条状斑

后翅缘有一列白点

前翅基部为暗褐色

前翅的白斑

雄蝶

前翅端部明亮的蓝紫色光泽

后翅大部分呈咖啡色

繁殖方式：端紫斑蝶属于完全变态昆虫，它们的繁殖会经历4个阶段，即产卵、孵化、结蛹和羽化。

后翅缘缀有白点

雌雄差异：端紫斑蝶的雌蝶和雄蝶翅膀前端都有明亮的蓝紫色光泽，雄蝶的颜色较深。雄蝶经常会在湿地上吸水，雄蝶前翅基部为暗褐色，白色斑点周围有淡蓝色的圈；雌蝶翅膀表面为褐色，前翅的紫色没有雄蝶明显，翅面上有白色的细条状斑。

生活习性：端紫斑蝶在日间活动。成虫喜欢访花，通过吸取花蜜补充营养。

栖息环境：端紫斑蝶通常栖息在植物叶片上，但冬天时它们通常会栖息在植物根部或是藏在落叶林中。

翅展：7.5～9.5厘米　　　活动时间：白天　　　食物：花粉、花蜜、植物汁液等

啬青斑蝶

科属：斑蝶科、青斑蝶属
别名：小纹青斑蝶

　　啬青斑蝶的头、胸部均为黑色，头部布满白色的斑点，翅膀呈黑棕色，镶嵌着水青色的点状或条状的斑纹。前翅有2条基生纹，中室端有一个齿状的横纹，横纹的上方有

5条大小不等的呈正斜状的斑纹，外缘有一列小斑点，后翅基部斑点呈条纹状，每2个条状斑在基部连起来，呈"V"形，翅端半部有2个斑点列。

分布区域：啬青斑蝶在国内主要分布于江西、广西、海南、云南、香港、台湾；在国外主要分布于缅甸、印度和斯里兰卡。

幼体特征：啬青斑蝶的幼虫以萝藦科和夹竹桃科植物等的叶片为食。幼虫将摄取到的萝藦科和夹竹桃科植物的有毒物质储存在体内，成为自我防卫利器。它们的外形也不同于其他的幼虫，其颜色非常艳丽，可以起到自我保护的作用，人们通常称之为"警戒色"。

生活习性：啬青斑蝶一般在日间活动，它们会根据季节的不同而进行迁徙。成虫的飞行速度十分

前翅中室的基生纹
翅膀呈黑棕色
雌蝶
后翅基部斑点呈条纹状

慢，通常是滑翔飞行，很少振动翅膀，但是当它们受到外界干扰时，躲避速度还是很快的。成虫喜欢访花，特别是菊科植物的泽兰，每当泽兰盛开时，可以看到成批的成虫停留在上面。

栖息环境：啬青斑蝶的栖息地以中海拔山脉地区为主。

| 翅展：7.5～9.5厘米 | 活动时间：白天 | 食物：花粉、花蜜等 |

串珠环蝶

科属：环蝶科、串珠环蝶属

　　串珠环蝶的双翅面积较大，触角细长，躯体较小，翅膀的色彩大多暗而不鲜艳，个别种类有蓝色的斑纹。其身体和翅膀均为棕褐色，前翅的外端颜色较浅，为黄色，翅顶内侧有一条橙褐色的弧形斑纹，翅缘呈圆弧状。后翅正面的中

部有一列不明显的圆斑点。翅膀反面有3条贯穿前后翅的褐纹和一列贯穿前后翅的黄色珠状斑纹，前翅呈褐色，后翅呈深褐色。

分布区域：串珠环蝶主要分布于我国南部地区；在越南、缅甸、马来西亚和印度等国也有分布。

幼体特征：串珠环蝶的幼虫以寄主植物平柄菝葜、船仔草、菝葜、部分棕榈科植物的叶片和嫩芽为食。

生活习性：串珠环蝶在日间活动。成虫喜欢访花，以吸食花蜜。

栖息环境：串珠环蝶栖息在比较

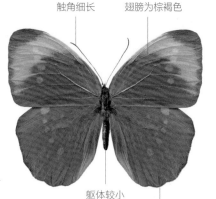

触角细长
翅膀为棕褐色
躯体较小
后翅中部有一列不明显的圆形斑点

温暖的地方。

繁殖方式：串珠环蝶属于完全变态昆虫，它们的繁殖会经历产卵、孵化、结蛹和羽化4个阶段。

| 翅展：6～7厘米 | 活动时间：白天 | 食物：花粉、花蜜、植物汁液等 |

第二章

凤蝶总科

凤蝶总科的蝴蝶属中型到大型的蝶种，形态优美，翅膀基色多为黑色、黄色、白色，翅面缀有红色、蓝色或黄色等斑纹，许多蝶种的后翅缀有修长的尾突。该总科包括凤蝶科、绢蝶科、粉蝶科，约有 2 000 种蝴蝶，其共同特点是两触角基部接近，前翅中室外的脉纹有分叉，雌雄蝶均具有发达的前足。

斑凤蝶

科属：凤蝶科、斑凤蝶属

黑色的翅脉比较明显

异常型

臀角处的黄色斑点

后翅外缘呈波浪形

斑凤蝶外观与青斑蝶相似，翅膀上有条状与块状的灰白色斑纹，青斑蝶斑纹呈淡青色，且是透明状的。

分布区域： 斑凤蝶在国内分布于云南、四川、海南、广东、广西、福建、台湾和香港；在国外分布于印度、不丹、尼泊尔、缅甸、泰国、巴基斯坦、菲律宾、马来西亚。

幼体特征： 斑凤蝶幼虫期的寄主植物有木兰科的玉兰花、含笑花及番荔枝科的番荔枝等。幼虫从一龄到末龄都在叶的正面栖息。幼虫活动力极慢，行动时都是慢慢前进。比较特别的是该蝶种的幼虫排便时是静止的，不像其他幼虫可以边吃边排便。

繁殖特点： 斑凤蝶的成蝶会将卵产于寄主植物上，最常见的是产于玉兰花的嫩叶或叶背面上。卵孵化为幼虫，幼虫大约会经历四龄，幼虫成熟后会吐丝结蛹，蛹期是最为精彩和最重要的一个阶段，经过 12 天左右的时间成蝶羽化而出。

放射状条纹

雌蝶

翅面呈黑褐色或棕褐色

顶角的淡黄白色斑较大

雄蝶

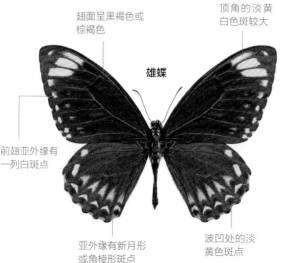

前翅亚外缘有一列白斑点

亚外缘有新月形或角棱形斑点

波凹处的淡黄色斑点

雌雄差异： 斑凤蝶雌雄差异比较大，雄蝶翅面呈黑褐色或棕褐色，基半部的颜色较深，前翅外缘和亚外缘均有一列白斑，顶角和亚顶角处有较大的淡黄白色斑，后翅外缘呈波浪形，波凹处有淡黄色斑点，亚外缘缀有 1 ~ 2 列新月形或角棱形斑点。雌蝶的翅膀呈黑色或黑褐色，翅面的斑纹均为淡黄色，前翅基部及亚基部有放射状条纹，中区和中后区散布着大小和长短都不相同的斑纹。另外，雄蝶的后翅内侧有上翻构造，而雌蝶没有。

生活习性： 斑凤蝶在黑夜活动，虽然飞行缓慢，但是它们的飞行能力十分强，可以在空中连续飞行数小时。

栖息环境： 斑凤蝶栖息在低海拔平原和丘陵地带，也有部分栖息在热带森林中。

翅展：8 ~ 10 厘米	活动时间：夜晚	食物：花粉、花蜜等

达摩凤蝶

科属：凤蝶科、凤蝶属
别名：达摩翠凤蝶、无尾凤蝶、花凤蝶

达摩凤蝶身体背部为黑色或黑褐色，翅膀为黑色或棕黑色，前翅分布有大量不规则的黄色带，外缘和亚外缘缀有黄点组成的斑列。外缘为波状，波谷有黄点。后翅外缘及亚外缘区也有斑列，中前区和亚基区的黄色大斑相连成宽横带；前缘中斑有蓝色眼斑，臀角有红斑，横带外侧呈凹凸状。

前翅不规则的黄色带

翅膀为黑色或棕黑色

黑色或黑褐色的背部

繁殖特点： 达摩凤蝶一年可以繁殖多代，一般是在蛹期过冬。成虫将卵产于寄主植物的嫩叶或顶芽上面，卵期的时间为 3 ~ 6 天，幼虫期为 14 ~ 21 天，蛹期大概为 14 天。

观赏价值： 达摩凤蝶翅膀花纹绚丽，舞姿动人，是观赏蝴蝶中的佼佼者。它们会出现在油画、硬币、邮票、摄影作品、纺织品中，也会出现在文学作品中。它们的标本会被用来制作各种工艺品。

趣味小课堂： 与其他凤蝶不同的是，达摩凤蝶没有突出的尾部。

蓝色的眼斑

臀角的红斑

波谷的黄点

分布区域： 达摩凤蝶在国内分布于湖北、江西、浙江、云南、贵州、四川、海南、广东、广西、福建和台湾；在国外主要分布于印度、不丹、尼泊尔、斯里兰卡、缅甸、泰国、马来西亚、澳大利亚和新几内亚。

幼体特征： 达摩凤蝶的幼虫主要寄主为芸香科的黄皮、假黄皮、食茱萸、光叶花椒等植物。幼虫以寄主植物的嫩叶为食。一至四龄幼虫外表为鸟粪状，头部为褐色，有淡褐色的云状斑，身体底色为黑色，老熟幼虫的身体呈绿色。

生活习性： 达摩凤蝶一般在日间活动，成虫飞行快速，爱访花，喜潮湿，常在水边、池塘附近活动。成虫会在 11 月开始产卵。

栖息环境： 达摩凤蝶喜欢栖息在比较背阴潮湿的地方。

大斑相连而成的黄色宽横带

外缘为波状

后翅外缘和亚外缘有黄点组成的斑列

翅展：8 ~ 10 厘米	活动时间：白天	活动时间：花粉、花蜜、植物汁液等

非洲达摩凤蝶

科属：凤蝶科、凤蝶属

非洲达摩凤蝶是撒哈拉以南非洲较为常见的大型凤蝶，身体呈黑色，外形比较显眼，翅膀上有黑黄相间的花纹，有红色和蓝色的眼斑，后翅臀角有红斑，外缘呈波状，波谷有黄色斑点。非洲达摩凤蝶是达摩凤蝶在非洲的近缘品种，但体形较大，后翅臀角处圆形斑的颜色较暗淡。

分布区域：非洲达摩凤蝶主要分布于非洲热带地区。

幼体特征：非洲达摩凤蝶的幼虫

前翅不规则的黄色带

背部为黑褐色

臀角的红斑色彩较淡

翅膀为黑色或棕黑色

黄色的宽横带

寄生在芸香科柑橘属植物上，以寄生植物的叶片为食，属于农林害虫。初生幼虫身体呈黑色、黄色和白色，身上生有棘刺。它们可以伪装成鸟类的粪便。成熟的幼虫身体为绿色，有白色或粉红色的斑纹和眼斑。

雌雄差异：非洲达摩凤蝶雌蝶的体形比雄蝶的体形大。

生活习性：非洲达摩凤蝶一般在日间活动，飞行能力强，飞行速度也十分快，成虫比较喜欢访花吸蜜。

亚外缘的黄色斑点链

波谷的黄点

栖息环境：非洲达摩凤蝶比较喜欢栖息在温暖、潮湿的地方。

繁殖方式：非洲达摩凤蝶属于完全变态昆虫，它们的一生会经历卵、幼虫、蛹和成虫4个阶段。

| 翅展：8～9厘米 | 活动时间：白天 | 食物：花粉、花蜜、植物汁液等 |

柑橘凤蝶

科属：凤蝶科、凤蝶属
别名：橘黑黄凤蝶、橘凤蝶、黄菠萝蝶

　　柑橘凤蝶有春型和夏型两种，身体呈淡黄绿至暗黄色，黑色的前翅近三角形，近外缘有 8 个黄色月牙斑，翅中央从前缘到后缘有 8 个黄色的由小渐大的斑，中室基半部有 4 条黄色纵纹，呈放射状。端半部有 2 个黄色的新月斑。后翅为黑色，近外缘有 6 个新月形的黄斑，基部有 8 个大小不等的黄斑，臀角处有一个黑心的橙黄色圆斑，有尾状的突起。其春型的翅膀呈黑褐色，夏型的翅膀呈黑色，夏型雄蝶的后翅前缘多出一个黑斑。

夏型蝶
翅膀呈黑色
尾状的突起

生活习性：柑橘凤蝶一般在日间活动，成虫喜欢访花，吸食花蜜，成虫也喜欢在湿地上吸水，它们的蜜源植物主要有马利筋、八宝景天、猫薄荷、马樱丹、醉蝶花等。

栖息环境：柑橘凤蝶栖息地包括林木稀疏林、空旷地带和郊区的花园，也有部分栖息在城市公园中，还有一些栖息在柑橘种植园中。

中室的放射状黄色纵纹
翅膀呈黑褐色
春型蝶
近外缘有黄色的月牙斑
后翅为黑色
臀角处黑心的橙黄色圆斑

身体呈淡黄绿至暗黄色

分布区域：柑橘凤蝶在国内分布于乌苏里江和黑龙江流域；在国外分布于缅甸、韩国、日本、越南、菲律宾及美国的夏威夷群岛。

幼体特征：柑橘凤蝶的幼虫喜欢以芸香科的柑橘植物和茱萸为食。一龄幼虫身体为黑色，二至四龄幼虫身体呈黑褐色，分布有白色的斜带纹，身体上生有肉状的突起。

雌雄差异：柑橘凤蝶雄蝶外生殖器上的钩突基部宽、端部窄；雌蝶外生殖器产卵瓣半圆形，具硬刺。

翅展：7 ~ 11 厘米	活动时间：白天	食物：花粉、花蜜、植物汁液等

极乐鸟翼凤蝶

科属：凤蝶科、鸟翼凤蝶属
别名：美丽丝尾鸟翼凤蝶

极乐鸟翼凤蝶是一种大型蝴蝶，该蝶原被分类在裳凤蝶属中，目前重新分类在鸟翼蝶属。

分布区域： 极乐鸟翼凤蝶的分布区域比较单一，分布于新几内亚岛及其周围的一些岛屿。

雄蝶

前翅有较粗的黑色带

头部为黑色

腹部为鲜黄色

前翅有白色的不规则斑纹

雌蝶

身体上部为黑色

后翅有黄色带和绿色条纹

腹部呈金色

后翅有 5 ~ 6 个黑色的斑点

雌雄差异： 极乐鸟翼凤蝶的雌蝶比雄蝶大，翅膀也较圆和宽阔，身体上部为黑色，腹部呈金色，褐色的前翅缀有不规则的白色斑纹；后翅呈黑色，有黄色、白色带环绕，并有 5 ~ 6 个黑色的斑点链。雄蝶头部为黑色，腹部为鲜黄色，生有绿色的绒毛，前翅呈黑色和绿色，两种颜色有规则地交错，有光泽，后翅外延绿色，内缘为黑色，翅面分布有黄色带和绿色条纹。

生活习性： 极乐鸟翼凤蝶一般在早晨和黄昏活动。成虫会主动驱赶敌人，领域性特别强。成虫的飞行高度很高，喜欢在空中滑翔。

栖息环境： 极乐鸟翼凤蝶喜欢栖息在热带雨林中。

繁殖特点： 极乐鸟翼凤蝶雌蝶一生可以产卵 27 枚，由卵到蛹需要经历 6 个星期的时间，蛹期在一个月以上或更长，成虫会在湿度比较高的早上破蛹，成虫的寿命一般为 3 ~ 4 个月。

幼体特征： 极乐鸟翼凤蝶幼虫身体呈姜黄绿色，有红色的结节和彩色的斑点，中间分布有乳白色的横纹。幼虫寄主为多种马兜铃属植物，主要取食马兜铃属植物的叶。初生的幼虫会先吃其卵壳，再吃嫩叶。

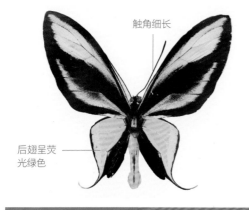

触角细长

后翅呈荧光绿色

| 翅展：12 ~ 14 厘米 | 活动时间：白天 | 食物：花粉、花蜜等 |

海滨裳凤蝶

科属：凤蝶科、裳凤蝶属

海滨裳凤蝶在阳光照射下金光闪闪，一般在晨间黄昏时飞到野花上吸蜜，其身体腹部是黑色和黄色，但下部位是白色和黄色。它们的头部和胸部是黑色，后颈和体侧有红色绒毛。该蝶种体态优美，色彩艳丽。

分布区域： 海滨裳凤蝶主要分布于苏拉威西岛及其邻近岛屿。

幼体特征： 海滨裳凤蝶幼虫体形较大，生有粗大的管状肉质突起。幼虫以马兜铃属尖叶马兜铃、蜂巢马兜铃、印度马兜铃等植物的叶片为食。

雄蝶

头部为黑色

后翅较短

后翅有金黄色和黑色间隔的方斑

前翅黑褐色

翅脉间有透明条纹

雌蝶

后翅有金黄色的斑点链

栖息环境： 海滨裳凤蝶的栖息环境以低海拔山区为主。

繁殖特点： 海滨裳凤蝶一年有多代，一次产卵5～20枚，以确保种族群繁殖。

前翅黑色略透，有透明的脉纹

黄色的腹部

雌雄差异： 海滨裳凤蝶雌蝶比雄蝶大，翅膀基色是黑褐色，分布有透明的脉纹，头部和胸部为黑色，腹部为白色和黄色，金黄色的后翅有黑色的脉纹，金黄色的斑点链比雄性的大。雄蝶前翅狭长，黑色略透，各翅脉间有透明的条纹，后翅较短，近方形，有半月形环绕的金黄色和黑色间隔的方斑，透明的翅面上黑色脉纹比较清晰。

生活习性： 海滨裳凤蝶一般在日间活动，成虫喜欢访花，全年都可以看见它们活动的身影。它们的飞行速度不快，喜欢在空中滑翔。

翅展 18～20 厘米	活动时间：白天	食物：花粉、花蜜、植物汁液等

北美大黄凤蝶

科属：凤蝶科、凤蝶属

北美大黄凤蝶是北美洲分布最广的一种凤蝶，滑翔飞行的能力较强。雄蝶和部分雌蝶的翅面呈黄色，分布有黑黄相间的虎斑纹，尾部尖而细。它们越往北体形越小，翅膀颜色也越淡。

底色为黄色

前翅饰有黑黄相间的虎斑纹

尾部尖而细

分布区域：北美大黄凤蝶泛分布于北美洲，从美国阿拉斯加州至墨西哥湾均有分布。

幼体特征：北美大黄凤蝶的幼虫身体肥胖，呈绿色，有一对较显著的黄黑双色眼纹，很像鸟粪，以柳树和白杨树为食。由于所在地点不同，每年可产生1~3代。

雌雄差异：北美大黄凤蝶雌蝶翅膀的底色是暗褐色或黑色，这种外形最常见于分布于北美南部的蝶种，是有毒的美洲蓝凤蝶的拟态。

生活习性：北美大黄凤蝶一般在日间活动，它们的滑翔能力非常强，成虫喜欢访花吸蜜。

繁殖方式：北美大黄凤蝶属于完全变态昆虫，它们的一生会经历卵、幼虫、蛹和成虫4个阶段。

翅展：9~16.5厘米	活动时间：白天	食物：花粉、花蜜、植物汁液等

红斑锤尾凤蝶

科属：凤蝶科、锤尾凤蝶属

红斑锤尾凤蝶前翅呈黑褐色，有透明的脉纹，后翅分布有较大的黄白色斑块，臀角缀有红色斑点，黑色的后翅尾突端部膨大呈锤状。

分布区域：红斑锤尾凤蝶主要分布于印度尼西亚爪哇岛的部分地区。

透明的脉纹

前翅黑褐色

后翅臀角有红色斑点

黑色尾突呈锤状

幼体特征：红斑锤尾凤蝶的幼虫孵化后会不断地进食，如果由于数量过多而使植物减少以至饥饿，它们则会吃掉同类。幼虫在结蛹前会远离寄主植物。

生活习性：红斑锤尾凤蝶在日间活动，飞行速度中速，喜欢滑翔，经常会跳跃前进，对外界的警惕性较高。红斑锤尾凤蝶经常在清晨和黄昏时外出寻找花朵并吸食花蜜。

栖息环境：红斑锤尾凤蝶栖息在气候比较炎的热带雨林中。

繁殖方式：红斑锤尾凤蝶雌蝶一年可产多次卵，一次产卵不超过20枚。幼虫孵化后，会不断地进食，由卵至成蛹约需6星期，蛹期约1个月或更长。蛹伪装为枯叶或树枝。它们会选择在湿度较高的早上破蛹，以避免翅膀干枯。

翅展：8~13厘米	活动时间：白天	食物：花粉、花蜜等

不丹褐凤蝶

科属：凤蝶科、褐凤蝶属
别名：四尾褐凤蝶、多尾凤蝶、褐凤蝶

前翅有 7 条淡黄白色的斜线

黑褐色的翅膀

不丹褐凤蝶的身体和翅膀均为黑褐色，前翅和后翅均狭长，前翅有 7 条淡黄白色的斜线，多呈波浪形，第一条斜线较宽。后翅臀区有一个深红色的大斑块，中部为黑天鹅绒斑，内部嵌有 2 个蓝斑，带有白色的斑点，边缘呈锯齿状，后缘有 4 个尖而细的突尾。不丹褐凤蝶不仅美丽，而且稀少，是不丹的国蝶。

后翅臀区较大的深红色斑块

后缘有 4 个尖而细的突尾

分布区域：不丹褐凤蝶主要分布于我国云南；缅甸、泰国、不丹、印度等国也有分布。

幼体特征：不丹褐凤蝶幼虫身体粗壮，一般较光滑，有些种类长有肉刺或长毛。初龄幼虫身体多为暗色，外形似鸟粪，老龄幼虫多呈绿色、黄色，生有红斑和黑斑形成的警戒色。

生活习性：不丹褐凤蝶一般在日间活动，成虫喜欢访花，吸取花蜜。

栖息环境：不丹褐凤蝶栖息在海拔比较高的地方。

繁殖方式：不丹褐凤蝶将卵产于绒毛马兜铃叶子背面，卵期 4 个星期，卵通常为散产，也有产在一起的。

翅展：9 ~ 10 厘米	活动时间：白天	食物：花蜜、腐烂的果实、植物汁液等

红星花凤蝶

科属：凤蝶科、锯凤蝶属

短而粗的触角

前翅上鲜艳的红斑

红星花凤蝶是一种很独特的黑、黄色蝶种，翅膀图案精美且复杂，后翅边缘有黑色的鳞毛簇，是很容易辨认的无尾凤蝶类。前翅上有鲜艳而引人注意的红斑点，这是红星花凤蝶和其他近缘种区分的特征，前翅和后翅边缘均有锯齿形的图案，后翅内缘有褐色的绒毛。

后翅边缘有黑色的鳞毛簇

分布区域：红星花凤蝶分布于法国东南部、西班牙和葡萄牙。

幼体特征：红星花凤蝶的幼虫以马兜铃的叶片为食物，虫体为淡褐色，沿身体长有几排粗而短的红刺。

雌雄差异：红星花凤蝶雌蝶的体形比雄蝶大，雌蝶黄色的色调比雄蝶深。

生活习性：红星花凤蝶一般在日间活动，从深冬到春末都可见其飞翔。成虫喜欢访花。

栖息环境：红星花凤蝶栖息在崎岖多石的山腰间，部分也会居于海岸地区的栖所内。

翅展：4.5 ~ 5 厘米	活动时间：白天	食物：花蜜、腐烂的果实等

华夏剑凤蝶

科属：凤蝶科、剑凤蝶属

华夏剑凤蝶是世界上比较珍稀的蝶类昆虫之一，其基色为乳白色或淡黄白色，翅薄，前翅部分区域几近透明。成虫体背为黑褐色，有黄白色的长毛，腹面为灰白色。翅膀呈淡黄白色，前翅斑纹为黑褐色或淡黑色，有 10 条横带或

斜横带。后翅有 4 条斜斑纹，位于前缘斜向臀角区，细长的尾突基部有弯月形纹，斑纹呈青蓝色。翅膀反面和正面相似，反面后翅中部有 2 条呈"8"字形的黑线。

分布区域： 华夏剑凤蝶在国内主要分布于云南、四川、浙江和贵州；在国外主要分布于尼泊尔和缅甸。

幼体特征： 华夏剑凤蝶幼虫体形较大，以寄主植物的叶片和嫩芽为食物。

生活习性： 华夏剑凤蝶在日间飞

斑纹为黑褐色或淡黑色

前翅部分区域几近透明

尾突细长

行活动，每年有一代，通常是处于蛹期的时候开始过冬。成虫一般出现在早春季节，喜欢访花。

栖息环境： 华夏剑凤蝶栖息在山脉地区。

翅展：8 ~ 6.2 厘米	活动时间：白天	食物：花粉、花蜜、植物汁液等

绿鸟翼凤蝶

科属：凤蝶科、鸟翼凤蝶属
别名：绿鸟翼蝶、东方之珠蝶

绿鸟翼凤蝶属于大型蝶种，是世界上非常珍稀的蝶类昆虫之一，也是印度尼西亚的国蝶。

分布区域： 绿鸟翼凤蝶分布于大洋洲区域，从马来西亚马六甲州到巴布亚新几内亚、所罗门群岛和澳大利亚北部均有分布。

幼体特征： 绿鸟翼凤蝶的幼虫颜色为黑褐色到灰色，带有长长的肉棘，有一条白色带横贯幼虫身体的中部。幼虫以马兜铃属植物的叶片为食物。

雌雄差异： 绿鸟翼凤蝶雌雄异型。雄蝶胸部为黑色、腹部为金黄色，正面翅色有黑色和绿色，图案色彩鲜明，前翅较大，端部较尖，后翅缘呈波浪状，前翅的反面呈黑色，中央部分为绿松石色，分布有黑色的脉纹。雌蝶体形比雄蝶大，基本颜色是深棕色，前翅有一串白色的后盘，后翅有一串较大的白色后盘，黑色的中心位于反面。

翅面有黑色和绿色

前翅端部较尖

雄蝶

独特的黑、黄色躯体

后翅的波浪状边缘

生活习性： 绿鸟翼凤蝶一般在日间活动，成虫喜欢访花。

趣味小课堂： 绿鸟翼凤蝶属于《华盛顿公约》保护级别二类，同时也被列入中国国家林业局《国家重点保护野生动物名录》。

翅展：10.8 ~ 13 厘米	活动时间：白天	食物：花蜜、腐烂的果实、植物汁液等

台湾宽尾凤蝶

科属：凤蝶科、宽尾凤蝶属
别名：八百圆蝶、梦幻之蝶、大燕尾蝶

前翅底色黑而
略带褐色

尾状突起尤其宽大

外沿有一排红
色的弦月形纹

台湾宽尾凤蝶为我国台湾特产的大型蝶类，在 1932 年首次被发现，该蝶种不仅美丽而且稀少，在学术研究上具有极高的价值。其身体呈黑色，前翅呈黑色，略带褐色，后翅中室附近有较大的白纹，外缘有一排红色的弦月形纹。

台湾宽尾凤蝶与其他凤蝶最大的差异是尾状突起尤其宽大，内部由红色的第 3、4 翅脉贯穿。

分布区域：台湾宽尾凤蝶是我国特有的蝶种，分布于台湾地区。

幼体特征：台湾宽尾凤蝶的幼虫以台湾檫树叶片为食物，食性单一。初龄幼虫外观似鸟粪状，一龄幼虫头部、胸部和腹部均为灰褐色，终龄幼虫头部为黄褐色，身体呈翠绿色。幼虫蜕皮有规律性，常常在上午进行，并且有液体一起排出。

生活习性：台湾宽尾凤蝶在日间活动，飞行速度缓慢，喜欢滑翔。休息时通常是静止状态，会依靠自身的拟态以及警戒色来自我保护。

翅展：花蜜	活动时间：白天	食物：花蜜、植物汁液等

冰清绢蝶

科属：绢蝶科、绢蝶属
别名：黄毛白绢蝶、白绢蝶、薄羽白蝶

黑色的身体被有黄毛

白色的翅膀
呈半透明状

后翅内缘的
宽黑带

冰清绢蝶除了具有研究价值，还具有较高的观赏价值。其身体呈黑色，覆盖着黄毛，颈部有一轮黄色的毛丛。翅膀为白色，半透明状，如绢，翅脉呈灰黑褐色。前翅亚外缘有一条褐色的带纹，前翅

中室内和中室端各有一个黑褐色的横斑。后翅内缘有一条纵的宽黑带。

分布区域：冰清绢蝶在国内的分布地主要有黑龙江、吉林、辽宁、河南、浙江、安徽、山东、山西、甘肃、四川、贵州和云南；在国外的分布地主要为日本、朝鲜和韩国。

幼体特征：冰清绢蝶的幼虫寄主植物为延胡索、小药八旦子、全叶延胡索等。一龄幼虫头部为黑褐色，生有黑毛，前胸背板呈黑褐色，上面生有 5 对黑毛。

生活习性：冰清绢蝶在日间活动，飞行缓慢，成虫一年有一代，通常在每年的 5 月份发生。成虫喜欢访花，吸取花蜜。

栖息环境：冰清绢蝶栖息在低海拔地区。

趣味小课堂：冰清绢蝶是国家二级保护动物，同时被列入我国《"三有"保护动物名录》。

翅展：6 ~ 7 厘米	活动时间：白天	食物：花粉、花蜜、植物汁液等

翠叶红颈凤蝶

科属：凤蝶科、红颈凤蝶属
别名：红颈鸟翼蝶、翠叶凤蝶

　　翠叶红颈凤蝶的翅膀大而华丽，飞翔姿态优美。其腹部为棕色，头部和胸部为黑色，有红色绒毛在后颈和胸部的下方。该蝶种翅膀黑色，有翠绿色的斑纹，整个翅膀表面有金绿色的鳞片，这些鳞片从不同角度看呈现出不同的色彩。翠叶红颈凤蝶还是马来西亚的国蝶。

前翅狭长

雄蝶

翅底为黑色

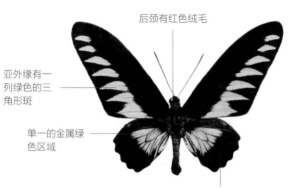

后颈有红色绒毛

亚外缘有一列绿色的三角形斑

单一的金属绿色区域

后翅较狭小

分布区域：翠叶红颈凤蝶主要分布于马来西亚、缅甸、泰国、印度尼西亚、菲律宾、苏门答腊。

幼体特征：翠叶红颈凤蝶的幼虫寄主为马兜铃属植物，幼虫以马兜铃植物的叶为食物。幼虫期有五龄，终龄幼虫会啃断寄主木质化茎，致使植物上半部枯死。幼虫从一龄到末龄都在叶的正面栖息。

雌雄差异：翠叶红颈凤蝶雌雄异型。

雄蝶前翅狭长，翅底为黑色，亚外缘有一列绿色的三角形金属斑，整齐排列，后翅较狭小，近中室或中室处有单一金属绿色区域，有金属蓝条纹。雌蝶的翅膀颜色暗淡，翅面呈棕色，分布有白色和绿色斑点。

生活习性：翠叶红颈凤蝶整年都可以看见，一般在日间出来活动，喜欢成群吸水，在晨间或黄昏的时候也喜欢飞到野花上面吸蜜。该种的成虫飞行缓慢，多穿梭在开阔的森林边缘，会主动攻击其他蝴蝶。

雌蝶

前翅的白色斑

翅面呈棕色

前翅后缘的绿色斑

腹部颜色较淡

栖息环境：翠叶红颈凤蝶栖息在海拔 500 ~ 1 500 米的热带森林中。有时候也可以在开阔的森林中看见它们的身影。

| 翅展：12 ~ 14.5 厘米 | 活动时间：白天 | 食物：花粉、花蜜、植物汁液等 |

红鸟翼凤蝶

科属：凤蝶科、鸟翼凤蝶属
别名：华莱士金鸟翼凤蝶

红鸟翼凤蝶属大型蝶种，飞行姿态优雅而高贵。该种蝴蝶过去分类在凤蝶科裳凤蝶属中，现已重新分类在凤蝶科鸟翼凤蝶属中。

分布区域：红鸟翼凤蝶仅分布于印度尼西亚的摩鹿加群岛。

幼体特征：红鸟翼凤蝶幼虫的寄主为马兜铃属植物，幼虫主要以寄主植物的叶片为食物。孵化出的幼虫会在寄主植物上觅食，先吃嫩叶。幼虫身体呈黑色，长有红色的结节。

前翅多呈褐色

白色不规则的斑点

雌蝶

后翅有金色的不规则斑点链

前翅上半部分有橘红色带

雄蝶

生活习性：红鸟翼凤蝶在早晨和黄昏时比较活跃，它们的飞行高度非常高，喜欢在空中滑翔，成虫喜欢访花，以花蜜为主要食物。雄蝶领域性比较强，会驱赶外来侵略者。当成虫需要觅食或是产卵时，它们会下降到距离地面不高的地方。

栖息环境：红鸟翼凤蝶栖息在热带雨林中。

后翅有大片黄色带

后翅的黑色边缘

金黄色的腹部

黑色的斑点链

雌雄差异：红鸟翼凤蝶的雄蝶前胸为黑色，腹部为金黄色。其前翅呈黑色，上半部分有橘红色和绿色的带；后翅有黑色的边缘，内侧长有绒毛，有大片黄色、绿色带，有脉纹和黑色的斑点链。雌蝶比雄蝶大，前胸为黑色，腹部则为黄色，胸部局部有红色的绒毛。其前翅多呈褐色，有白色的不规则斑点；后翅多为黑褐色，不规则斑点链呈金色。

| 翅展：17～20厘米 | 活动时间：白天 | 食物：花粉、花蜜等 |

红珠凤蝶

科属：凤蝶科、珠凤蝶属
别名：红腹凤蝶、七星凤蝶、红纹曙凤蝶、红纹凤蝶

　　红珠凤蝶是中到大型的美丽蝶种，其后翅的白色斑有小斑、多斑、大斑、"U"形斑等多种类型。体背为黑色，颜面、胸侧、腹部末端密生有红色毛。前后翅均为黑色，脉纹两侧为灰白或棕褐色，有的个体前翅中、后区色淡，或呈黑褐、棕褐色。后翅中室外侧有 3 ~ 5 个白斑，有 3 个斑呈"小"字排列。后翅外缘呈波状，翅缘有 6 ~ 7 个粉红色或黄褐色斑，多为弯月形。

脉纹两侧为灰白或棕褐色

外缘呈波状

前翅为黑色

体背为黑色

后翅中室外侧有 3 ~ 5 枚白斑

腹部末端密生有红色毛

翅缘有 6 ~ 7 枚粉红色或黄褐色斑

分布区域：红珠凤蝶在国内分布于河北、河南、陕西、江西、湖南、浙江、广西、四川、云南、福建、海南、台湾、香港；在国外分布于印度、缅甸、泰国、马来西亚、印度尼西亚、菲律宾等国。

幼体特征：红珠凤蝶的幼虫不喜活动，一般在叶背或茎蔓上栖息，老熟幼虫在寄主植物的茎上、老叶背或附近的植物上化蛹。

生活习性：红珠凤蝶在日间活动，群栖，常常喜欢在山间和平原地区飞翔，成虫飞行缓慢，多在山区路旁林缘的花丛中飞舞或访花吸蜜。成虫全年可见，春季和秋季数量最多。

栖息环境：红珠凤蝶栖息在海拔 1 000 米左右的山间林缘。

| 翅展：7 ~ 9.4 厘米 | 活动时间：白天 | 食物：花粉、花蜜等 |

金凤蝶

科属：凤蝶科、凤蝶属
别名：黄凤蝶、茴香凤蝶、胡萝卜凤蝶

　　金凤蝶是一种大型蝶，分春、夏两型。其体翅为金黄色，美丽而华贵，观赏和药用价值都很高。该蝶种从头部到腹部有一条黑色的纵纹，黄色的前翅分布有黑色的斑纹，外缘有黑色宽带，宽带内嵌有 8 个黄色的椭圆斑，宽带散生有黄色的磷粉。后翅内半黄色，外缘的黑色宽带嵌有 6 个黄色的新月斑，里面另有蓝色的略呈新月形的斑，外半黑后中域有一列蓝雾斑，臀角有一个橘红色的圆斑。

前翅底色为黄色

臀角的橘红色圆斑

外缘宽带的黄色椭圆斑

后翅黑色宽带有 6 个新月形黄斑

从头部至腹末有一条黑色纵纹

一列蓝雾斑

栖息环境：金凤蝶主要栖息在高山边或草原，也有少部分栖息在平地花园里。

繁殖方式：金凤蝶属完全变态昆虫，它们的繁殖需要经历产卵、孵化、结蛹和羽化 4 个阶段。

趣味小课堂：金凤蝶有药用价值，将其研磨成粉后有理气、止痛和止呃的功效。

观赏价值：金凤蝶色彩鲜艳美丽，可制作成各种工艺品，常见的制作工艺有展翅法塑封法、贴图法等。

分布区域：金凤蝶主要分布于我国云南省。

幼体特征：金凤蝶的幼虫多寄生在茴香等植物上，以叶片和嫩枝为食。幼虫最初的外表像鸟粪，五龄幼虫身体呈绿色，有黑色和绿色的斑纹。

雌雄差异：金凤蝶雄蝶的体形比雌蝶宽，可以根据这点进行区分。

生活习性：金凤蝶在日间活动，成虫喜欢在鲜花怒放、草木繁盛的地方飞舞嬉戏，喜访花吸蜜，也有一部分成虫喜欢吸水。雌蝶喜欢在植物的茎叶、果面或树皮缝隙等处产卵，卵会在温度和湿度都比较适宜的情况下孵化为幼虫。

翅展：7 ~ 10 厘米	活动时间：白天	食物：花蜜、花粉等

喙凤蝶

科属：凤蝶科、喙凤蝶属
别名：皇喙凤蝶

　　喙凤蝶又被称为皇喙凤蝶，是世界上非常珍稀的蝶类昆虫之一。它的形态与金斑喙凤蝶非常相似，唯一不一样的是前者后翅的金黄色斑呈带状。其身体和翅面大部分是翠绿色的。

分布区域： 喙凤蝶在国内分布于四川、云南、广西；在国外分布于不丹、尼泊尔、缅甸和越南。

幼体特征： 喙凤蝶的幼虫有五龄，一龄幼虫头部呈暗褐色，长有黑色毛，身体也呈暗褐色。五龄幼虫头部则为淡绿色，泛橘黄色的光泽。

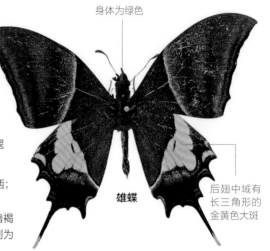

身体为绿色

雄蝶

后翅中域有长三角形的金黄色大斑

前翅有 2 条灰色带

雌蝶

淡灰色的中域斑

尾突细长，端部黄色

外缘 3 个齿突呈 "W" 形

雌雄差异： 喙凤蝶雌雄异型。雄蝶身体为绿色，前翅基部为金绿色，外缘为一条黑色窄带，向内弯曲，其外侧有一条黄色的带。前翅外半部为浅褐色，有 3 条阴影状暗带位于前缘至后角。后翅基半部为金绿色，中域有一个较大的近长三角形金黄色斑，外缘呈齿状，有黄色的新月形斑，尾突端为黄色。雌蝶前翅有 2 条灰色带，后翅外缘齿突增长，尾突细长，端部为黄色。中域斑为淡灰色，其外缘有一条齿状的褐色横带，外缘的 3 个齿突构成 "W" 形。

生活习性： 喙凤蝶在日间活动，成虫飞行速度快，飞翔能力十分强，敌人不易捕捉到它们。成虫在阴天或雾天时翅腹面的保护色使其可隐匿于灌木林里。

栖息环境： 喙凤蝶主要栖息在山林地带的阔叶林绿林带中，也有少部分栖息在低矮的灌木丛中。

繁殖方式： 喙凤蝶属于完全变态昆虫，它们的一生会经历卵、幼虫、蛹和成虫 4 个阶段。

趣味小课堂： 喙凤蝶是珍稀物种，1988 年国际自然与自然资源保护联盟将其列为 R 级保护对象，我国 1998 年修订的《国家重点保护野生动物名录》将其列为重点保护对象。

| 翅展：8 ~ 10 厘米 | 活动时间：白天 | 食物：花粉、花蜜、植物汁液等 |

金裳凤蝶

科属：凤蝶科、裳凤蝶属
别名：金翼凤蝶、金鸟蝶、翼凤蝶

　　金裳凤蝶是大型而美丽的蝴蝶，其后翅金黄色和黑色交融的斑纹在阳光下绚丽夺目。金裳凤蝶雄蝶前翅狭长，为黑色，黑色翅脉的两侧有显眼的灰白色鳞片。后翅较短，近方形，呈金黄色，仅翅膀边缘有黑斑，后翅没有尾突，逆光时会反射出青色、绿色和紫色。

分布区域：金裳凤蝶在国内分布于浙江、福建、江西、广东、广西、海南、四川、云南、西藏、台湾和香港；在国外分布于印度尼西亚、缅甸、泰国、印度和尼泊尔。

前翅为黑色

雌蝶

后翅有 5 个金色
"A"形图案

前翅狭长

雄蝶

黑色翅脉两侧
的灰白色鳞片

后翅近方形

翅膀边缘有黑斑

金黄色的后翅

生活习性：金裳凤蝶一般在日间活动，它们飞行缓慢，喜欢在空中滑翔，飞行能力十分强，遇到季风来临时，可以连续飞行数小时。成虫有时也会主动发起攻击来保护自己。成虫喜好访花，食物花蜜。

栖息环境：金裳凤蝶栖息在低海拔平原和丘陵地带，也有少部分喜欢栖息在热带森林中。

繁殖方式：金裳凤蝶属于完全变态昆虫，会经历卵、幼虫、蛹、成虫 4 个阶段。

趣味小课堂：金裳凤蝶的成虫在蝴蝶界可以算是"长寿冠军"。普通蝶种的寿命为一周，长的有 10 ～ 15 天，而金裳凤蝶的寿命在一个月以上。

幼体特征：金裳凤蝶的幼虫寄主为马兜铃属植物，以植物的叶片和嫩芽为食物。幼虫体形较大，生有粗大的管状肉质突起，它们从一龄到末龄都在叶片的正面栖息。

雌雄差异：金裳凤蝶雌蝶和雄蝶是有一定区别的。两者的前翅差不多，主要区别在它们的后翅，雄蝶的后翅大面积泛着金黄色，在阳光下会呈现出美丽的色彩，且正面沿着内缘有皱褶。雌蝶张开翅膀的时候，很容易就可以看见后翅上有 5 个标志性的金色字母"A"。

| 翅展：10 ～ 15 厘米 | 活动时间：白天 | 食物：花粉、花蜜、植物汁液等 |

蓝鸟翼凤蝶

科属：凤蝶科、鸟翼凤蝶属

蓝鸟翼凤蝶是一种大型蝴蝶，是绿鸟翼凤蝶的亚种。其雄蝶前翅亚缘和后翅呈亮丽的深蓝色，观赏价值极高。

分布区域： 蓝鸟翼凤蝶仅分布于大洋洲部分地区，如格拉岛、伦多瓦岛、所罗门群岛等。

前翅边缘为黑色

雄蝶

前翅中间为黑色

前翅亚缘为蓝色

黑色的斑点链

后翅中间为深蓝色

腹部为金黄色

幼体特征： 蓝鸟翼凤蝶的幼虫身体为黑色，有红色结节，中间有乳白色的横纹，寄主为马兜铃属植物，主要以马兜铃属植物的叶片和嫩芽为食物。刚孵化的幼虫先吃掉卵壳，然后吃嫩叶。

雌雄差异： 蓝鸟翼凤蝶的雄蝶前胸呈黑色，腹部则为金黄色；前翅边缘为黑色，渐变为深蓝色，中间部分为黑色；后翅的边缘为黑色，中间呈深蓝色，下方有黑色斑点链，内侧有绒毛。雌蝶比雄蝶要大，前胸为黑褐色，腹部为乳白色；前翅为棕褐色，有比较明显的黑褐色脉纹和不规则的乳白色带；后翅也为棕褐色，翅膀末端有三角形的斑点链和卵形的斑纹。

生活习性： 蓝鸟翼凤蝶一般在早晨十分活跃，成虫喜欢访花，在花间觅食，飞行速度慢，但是飞行高度比较高，喜欢滑翔。当它们觅食或产卵时，会下降到距离地面不高的地方。

栖息环境： 蓝鸟翼凤蝶栖息在热带雨林中。

繁殖方式： 蓝鸟翼凤蝶属于完全变态昆虫，它们的繁殖会经历产卵、孵化、结蛹和羽化 4 个阶段。

黑褐色脉纹比较明显

雌蝶

后翅为棕褐色

前翅不规则的乳白色带

翅膀末端的三角形斑点链

乳白色的腹部

翅展：17 ~ 21 厘米　　　活动时间：白天　　　食物：花粉、花蜜等

美洲蓝凤蝶

科属：凤蝶科、贝凤蝶属
别名：马兜铃凤蝶

美洲蓝凤蝶属大型蝶种，触角细长，背部为深褐色，黑色的腹部较短。头部为黑色，有白色斑点。

分布区域：美洲蓝凤蝶主要分布于北美洲，分布范围从加拿大南部延伸至危地马拉。

幼体特征：美洲蓝凤蝶的幼虫喜欢群居，寄主多为马兜铃科、旋花科和蓼科等植物，取食各种攀缘植物，特别是马兜铃的叶片。幼虫呈红褐色，背部生有数排黑色或红色的肉质角状突起。

黑色头部有白色斑点

雌蝶

翅膀边缘呈波浪形

触角细长

雄蝶

和翅膀外缘平行的白色斑点

后翅有一连串的黄色斑点

背部为深褐色

栖息环境：美洲蓝凤蝶栖息在北美洲的落基山脉森林中，有部分栖息在中北美洲的干燥落叶林和次生林中。

繁殖方式：美洲蓝凤蝶属于完全变态昆虫，它们的繁殖会经历4个阶段，即产卵、孵化、结蛹和羽化。

雌雄差异：美洲蓝凤蝶雄蝶前翅呈棕褐色，下端有一列平行于翅膀外边缘的白色斑点，后翅有闪亮的金属般的蓝色光泽，正面有一连串和翅膀外缘平行的黄色斑点，翅边缘呈波浪形。前翅反面几乎完全覆盖蓝黑色，下端有平行于翅膀外边缘的白色斑点。雌蝶与雄蝶外形相似，但比雄蝶略大，在色彩斑点上，雌蝶前后翅均为棕褐色。

生活习性：美洲蓝凤蝶一般在日间活动，它们飞行速度快，动作敏捷，成虫喜欢访花，吸取花蜜作为食物。

| 翅展：7.5～11厘米 | 活动时间：白天 | 食物：花蜜、腐烂果实的汁液等 |

鸟翼裳凤蝶

科属：凤蝶科、裳凤蝶属
别名：鸟翅裳凤蝶

鸟翼裳凤蝶属翅色艳丽的大型蝶种，其触角、头部和胸部均为黑色，头胸侧边有红色绒毛，腹部呈黄色或浅棕色。后翅有大片的黄色斑块，在阳光照射下金光灿灿，显得华贵美丽。

前翅呈棕色或黑褐色

翅脉两侧为白色

雌蝶

腹部浅棕色

黑色的前翅狭长

雄蝶　头部为黑色

后翅近方形　黄色或浅棕色的腹部　金黄色的后翅面

分布区域： 鸟翼裳凤蝶在国内主要分布于云南、贵州、台湾、香港；在国外分布于印度尼西亚、缅甸和马来西亚。

幼体特征： 鸟翼裳凤蝶的幼虫体形较大，生有粗大的管状肉质突起。寄主植物为多种马兜铃属植物，幼虫以马兜铃属植物的叶片和嫩芽为食物。

雌雄差异： 鸟翼裳凤蝶雌蝶比雄蝶大。雌蝶前翅为棕色或黑褐色，金黄色的后翅分布有黑色的环链珠形斑点。雄蝶狭长的前翅略透，后翅较短，近方形，沿内缘有长毛，前翅各翅脉两侧为白色，金黄色的后翅上的脉纹更为清晰。

生活习性： 鸟翼裳凤蝶一般在日间活动，飞行速度慢，通常都是滑翔飞行，成虫喜欢在早晨和黄昏时穿梭于野花地里，吸食花蜜。成虫整年都可以看见，尤其是3～4月份和9～10月份。

栖息环境： 鸟翼裳凤蝶栖息在热带雨林和落叶林中。

繁殖方式： 鸟翼裳凤蝶属于完全变态昆虫，它们的一生会经历4个阶段，即产卵、孵化、结蛹和羽化。

翅展：12～20厘米　　活动时间：白天　　食物：花粉、花蜜等

青凤蝶

科属：凤蝶科、青凤蝶属
别名：樟青凤蝶、蓝带青凤蝶、青带凤蝶

青凤蝶可分为春型和夏型2种，其翅膀为黑色或浅黑色，前翅有一列青蓝色的方斑，从前缘向后缘逐渐变大，近前缘的斑纹最小。后翅有3个斑位于前缘中部到后缘中部之间，近前缘的一个斑为白色或淡青白色。外缘区有一列青蓝色的斑纹，新月形，外缘为波状。

雄蝶

方斑从前缘向后缘逐渐变大

外缘呈波状

背部为黑色

青蓝色的新月形斑纹

翅膀为黑色或浅黑色

前翅青蓝色的方斑

雌蝶

外缘区有青蓝色的斑列

幼体特征：青凤蝶幼虫寄主为樟树、香楠、山胡椒等植物。初龄幼虫的头部与身体均为暗褐色，但末端为白色，至四龄时全身底色转绿。老熟幼虫一般会在寄主植物的枝干处化蛹。

雌雄差异：青凤蝶的雄蝶后翅有内缘褶，翅膀上分布分布着白色的发香鳞。雌蝶的后翅没有内缘褶。

生活习性：青凤蝶一般在日间活动，它们的飞翔能力极强，喜欢访花吸蜜，经常在清晨和黄昏时结队在潮湿地和水池旁休息。

栖息环境：青凤蝶栖息在热带，主要生活在低海拔潮湿的地方和一些开阔的林地，有时候也能在庭园、街道、树林中看到它们飞翔的身影。

繁殖方式：青凤蝶属于完全变态昆虫，它们的繁殖会经历产卵、孵化、结蛹和羽化4个阶段。

分布区域：青凤蝶在国内分布于陕西、四川、西藏、云南、贵州、湖北、湖南、重庆、江西、江苏、浙江、海南、广东、江西、福建、台湾和香港；在国外分布于日本、尼泊尔、不丹、印度、缅甸、马来西亚、印度尼西亚、斯里兰卡、菲律宾和澳大利亚。

翅展：12～20厘米	活动时间：白天	食物：花粉、花蜜等

统帅青凤蝶

科属：凤蝶科、青凤蝶属
别名：短尾青凤蝶、黄蓝凤蝶、绿斑凤蝶

统帅青凤蝶属于
中型蝴蝶，比较常
见。统帅青凤蝶身
体背面为黑色，两侧有
淡黄色的毛。其前翅为黑褐
色，上面布满细碎的黄绿色斑
纹，中室有 8 个斑，大小和形状
均不同，亚外缘区有一列小斑，和翅
外缘平行；后翅内缘有一条从基部斜至臀
角的纵带，另有一条黄绿色的纵带从前
缘亚基区斜向亚臀角，被脉纹从中
间隔断，翅外
缘呈波状。

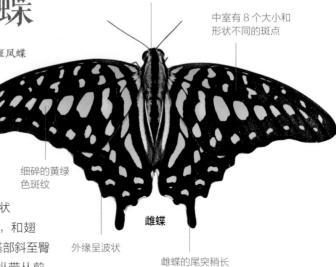

背部为黑色

中室有 8 个大小和
形状不同的斑点

细碎的黄绿
色斑纹

雌蝶

外缘呈波状

雌蝶的尾突稍长

雄蝶

黑褐色的前翅

亚外缘区的
斑列

分布区域： 统帅青凤
蝶主要分布于中国、
印度、缅甸、泰国、印
度尼西亚、澳大利亚，
以及太平洋诸岛。

从基部斜至臀
角的纵带

幼体特征： 统帅青凤蝶的幼虫以寄
主植物洋玉兰、白兰等的叶片和
嫩芽为食物。初龄幼虫身体呈暗
褐色，一、二龄时幼虫前胸突转
为暗褐色，中、后胸突转为白色，
三、四龄时突起均变为蓝黑色。

雌雄差异： 统帅青凤蝶雌蝶的尾突
比雄蝶的长。

生活习性： 统帅青凤蝶十分活跃，
通常在春季和夏季可见，日间活
动较多，飞行高度高且速度快，
成虫喜欢访花。

栖息环境： 统帅青凤蝶栖息于热带
雨林地区。

繁殖方式： 统帅青凤蝶属于完全变态昆虫，它
们的繁殖会经历产卵、孵化、结蛹和羽化 4 个
阶段。

| 翅展：7 ~ 8.8 厘米 | 活动时间：白天 | 食物：花粉、花蜜、植物汁液等 |

曙凤蝶

科属：凤蝶科、曙凤蝶属
别名：桃红凤蝶

曙凤蝶为我国台湾特产，属于大型蝶种。曙凤蝶体背为黑色，两侧及腹面有红色绒毛。翅面呈黑色，翅脉明显。前翅呈方卵圆形，边缘较平滑；后翅较长，边缘呈波状，波幅较大。

分布区域： 曙凤蝶目前仅在我国台湾可见。

幼体特征： 曙凤蝶的幼虫寄主植物为琉球马兜铃，幼虫头部为黑色，身体呈褐色，胸部和腹部的颜色稍淡。

雌蝶前翅略宽

背部为黑色

翅膀正面为黑底带褐色

后翅基半部为黑色

外缘呈波浪状

后翅端半部为灰黄色

雌蝶

翅膀正面为光亮的黑色

雄蝶

前翅端圆钝

后翅狭长

7 个黑色斑点

生活习性： 曙凤蝶一般在日间活动，飞行缓慢，极易被捕捉。成虫喜欢访花，喜欢在潮湿的环境里产卵。

栖息环境： 曙凤蝶栖息在海拔 1 000 ~ 2 500 米的高山原始森林中。

繁殖方式： 曙凤蝶属于完全变态昆虫，它们的繁殖会经历产卵、孵化、结蛹和羽化 4 个阶段。比较特别的是该蝶种一年发生一代，在幼虫期过冬。

雌雄差异： 曙凤蝶的雄蝶翅膀正面为光壳的黑色，有丝绒的质感，前翅端较圆钝，后翅狭长；后翅端半部为红色，内部镶嵌有 7 个黑斑。雌蝶比雄蝶稍大，翅膀正面为黑底带褐色，前翅略宽，后翅翅形稍圆，后翅背面下半部的红色较浅，外缘明显呈波浪状。前翅的大部和后翅颜色较淡，后翅端半部呈灰黄色，内部镶着 8 个黑斑，后翅反面端半部为浅红色。

翅展：11 ~ 13 厘米	活动时间：白天	食物：花粉、花蜜等

斜纹绿凤蝶

科属：凤蝶科、绿凤蝶属
别名：四纹绿凤蝶、黑褐带樟凤蝶、褐带绿凤蝶

　　斜纹绿凤蝶是比较珍稀的蝶种。其翅面是半透明状的淡绿白色，背部是黑褐色的，腹面为灰白色，前翅外缘带是黑色，从前缘3/4处有一条黑色斜带通到臀角，中室有3条黑褐色的带。后翅的外缘为波状，外缘区为黑色，沿外缘有一列波状褐色或白褐色细纹，黑褐色中带斜向臀角，被肛角的红色斑截住。黑色的尾突细且长，呈剑状。其翅膀反面呈淡绿色，分布有红色的细纹。

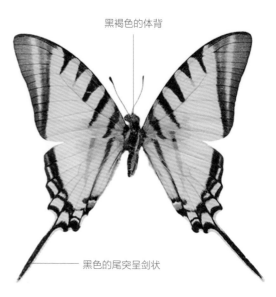

黑褐色的体背

黑色的尾突呈剑状

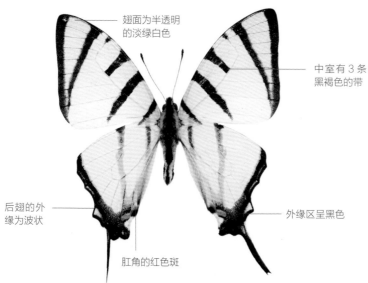

翅面为半透明的淡绿白色

中室有3条黑褐色的带

后翅的外缘为波状

外缘区呈黑色

肛角的红色斑

分布区域：斜纹绿凤蝶在国内分布于云南、海南、广东、福建；在国外分布于印度、缅甸、泰国、越南、柬埔寨、马来西亚、印度尼西亚。

幼体特征：斜纹绿凤蝶幼虫以番荔枝科瓜馥木为食物。初龄幼虫外观似鸟粪状，随着幼虫生长，体色逐渐变为黑绿色。

生活习性：斜纹绿凤蝶在日间活动，成虫发生在早春季节，由于其发生时间短，所以不太常见。雄蝶喜欢在河边的潮湿地聚集和吸水。成虫喜欢访花。

栖息环境：斜纹绿凤蝶栖息在丘陵地带。

繁殖方式：斜纹绿凤蝶属于完全变态昆虫，它们的繁殖会经历4个阶段，即产卵、孵化、结蛹和羽化。

| 翅展：约5.5厘米 | 活动时间：白天 | 食物：花粉、花蜜、植物汁液等 |

亚历山大女皇鸟翼凤蝶

科属：凤蝶科、鸟翼凤蝶属
别名：亚历山大鸟翼蝶、女王亚历山大巨凤蝶

亚历山大女皇鸟翼凤蝶是世界上最大的蝴蝶。它们是由罗斯柴尔德为纪念英国国王爱德华七世的妻子亚历山德拉皇后而命名。自 1989 年以来，这种鸟翼凤蝶已经成为濒临灭绝的物种。

分布区域： 亚历山大女皇鸟翼凤蝶分布范围比较小，仅分布于巴布亚新几内亚东部。

前翅的虹蓝色光泽

雄蝶

鲜黄色的腹部

后翅绿色的斑纹

前翅白色的斑纹

褐色的翅膀

雌蝶

后翅较雄蝶圆

生活习性： 亚历山大女皇鸟翼凤蝶在早晨、黄昏时比较活跃，会在花间觅食。雄蝶具有较高的领域性，会主动驱赶入侵者来保护自己。成虫喜欢访花，吸取花蜜。

栖息环境： 亚历山大女皇鸟翼凤蝶栖息在比较茂密的热带雨林中。

繁殖方式： 亚历山大女皇鸟翼凤蝶属于完全变态昆虫，它们的繁殖需要经历 4 个阶段，即产卵、孵化、结蛹和羽化。亚历山大女皇鸟翼凤蝶由卵到蛹需要 6 个星期，蛹期 1 个多月，它们喜欢在湿度较高的早晨破蛹，成虫的寿命在 3 个月左右。

幼体特征： 亚历山大女皇鸟翼凤蝶的幼虫呈黑色，有红色的结节，中间有奶白色的横纹。幼虫在马兜铃属植物上觅食，初生的幼虫会先吃卵壳，然后吃嫩叶，在结蛹前会吃掉蔓藤。

雌雄差异： 亚历山大女皇鸟翼凤蝶雌雄异型。雌蝶比雄蝶体形大一些。雌蝶的翅膀比较圆和宽阔，为褐色，有白色斑纹，身体呈乳白色，胸部局部有红色的绒毛；雄蝶较为细小，翅膀为褐色，有虹蓝光泽和绿色的斑纹，腹部为鲜黄色。

| 翅展：16 ~ 31 厘米 | 活动时间：白天 | 食物：花蜜、花粉等 |

荧光裳凤蝶

科属：凤蝶科、裳凤蝶属
别名：珠光黄裳凤蝶、珠光裳凤蝶

荧光裳凤蝶是一种大型蝴蝶，其后翅金黄色和黑色交融的斑纹在阳光照射下金光灿灿，在逆光下会闪现珍珠般的光泽。

分布区域：荧光裳凤蝶是分布于大洋洲至东洋界的蝴蝶，主要分布于中国台湾以及印度尼西亚、菲律宾。

幼体特征：荧光裳凤蝶的幼虫有粗大的管状肉质突起。寄主多为马兜铃属的植物，幼虫以马兜铃属植物叶片为食物。幼虫期有五龄，初龄幼虫为暗红色，其后体色渐深，呈暗红色或红黑色。

前翅呈黑色

雄蝶

后翅呈金黄色

黑色的波状外缘

后翅内缘的褶皱

黑色的前翅

清晰的脉纹

雌蝶

金黄色的花纹　　后翅宽厚的黑带

生活习性：荧光裳凤蝶一般在日间活动，它们飞翔姿态非常优美，成虫喜欢滑翔飞行，飞行速度缓慢，多在晨间和黄昏时飞到野花丛林中吸蜜。

栖息环境：荧光裳凤蝶栖息在低海拔地区。

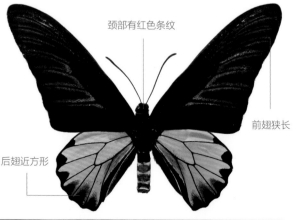

颈部有红色条纹

前翅狭长

后翅近方形

雌雄差异：荧光裳凤蝶雄蝶前翅为黑色，狭长，后翅较短，近方形，金黄色，没有尾状的突起，黑色外缘为波状。其翅膀正面沿内缘有折皱，且有长毛。雌蝶后翅中室外侧有较宽厚的黑带，且嵌有金黄色的花纹。

翅展：11～15厘米　　　活动时间：白天　　　食物：花粉、花蜜、植物汁液等

三尾褐凤蝶

科属：凤蝶科、尾凤蝶属
别名：华西褐凤蝶、三尾凤蝶、中华褐绢蝶

　　三尾褐凤蝶为高山蝶种，是世界珍稀蝶种，也是我国特有的蝶种，属于国家二级重点保护动物，我国曾发行过三尾褐凤蝶的邮票。该蝶种的身体为黑色，腹部面有白色的绒毛。翅膀为黑色。前翅有 8 条白色的横带，从基部数起第 6、7 条横带在中部合并后延伸至后缘。后翅上半部有 3 ~ 4 条斜横带，近基部的一条横带走向近臀角处的红色横斑，3 个蓝色斑点位于红斑下方。后翅外缘有 4 ~ 5 个斑，部分斑呈弯月形，有 3 个长短不等的尾突。

前翅的 8 条
白色横带

3 枚长短不等
的尾突

后翅外缘呈
弯月形的斑

生活习性： 三尾褐凤蝶一般在日间活动，成虫喜欢访花，吸食花蜜。
栖息环境： 三尾褐凤蝶栖息在海拔 2 000 米以上的山区。
繁殖方式： 三尾褐凤蝶属于完全变态昆虫，它们的繁殖需要经历 4 个阶段，即产卵、孵化、结蛹和羽化。

黑色的翅膀

身体呈黑色

腹部有白色
绒毛

分布区域： 三尾褐凤蝶主要分布于我国的西藏、云南、四川和陕西。
幼体特征： 三尾褐凤蝶的幼虫寄主马兜铃科的木香马兜铃。幼虫以寄主植物的叶片和嫩芽为食物。
雌雄差异： 三尾褐凤蝶的雌蝶和雄蝶外形比较相似，雌蝶体形比雄蝶大，可以从体形大小方面进行区分。

翅展：8.6 ~ 9.2 厘米　　　　活动时间：白天　　　　食物：花蜜、腐烂果实、植物汁液等

红基美凤蝶

科属：凤蝶科、凤蝶属

红基美凤蝶的身体和翅膀均为黑色，上面覆盖着蓝色的鳞片。

分布区域： 红基美凤蝶在国内分布于陕西、四川、河南、云南；在国外分布于不丹、尼泊尔、缅甸和印度。

幼体特征： 红基美凤蝶的幼虫体形比较大，共有五龄，幼虫以柑橘等芸香科植物的叶片为食物。

雌雄差异： 红基美凤蝶雌雄异型。雄蝶前翅中室基部有一条红色的纵斑，有时候不是很明显，后翅狭长，有波状的外缘，无尾突，臀角有一个环形的小红斑。雌蝶前翅中室有一条宽大的红色条斑，后翅外缘为齿状，有宽且短的尾突。

生活习性： 红基美凤蝶一般在日间活动，成虫喜欢访白色的花，常在臭水沟处聚集玩耍。它们喜欢在常绿林带活动，飞行十分迅速。它们的警觉性很高，在飞行

身体背部为黑色
黑色的前翅
后翅波状的外缘
雄蝶
臀角的环形小斑

过程中很少停息，比较难捕捉。

栖息环境： 红基美凤蝶主要栖息在绿叶林中。

繁殖方式： 红基美凤蝶属于完全变态昆虫，它们的繁殖会经历产卵、孵化、结蛹和羽化 4 个阶段。

| 翅展：9 ～ 11.1 厘米 | 活动时间：白天 | 食物：花蜜、植物汁液等 |

碧翠凤蝶

科属：凤蝶科、凤蝶属
别名：浓眉凤蝶、乌凤蝶、翠凤蝶、黑凤蝶

碧翠凤蝶的身体、翅膀均为黑色，布满了翠绿色的鳞片，在脉纹间集中成翠绿带。后翅翠绿色鳞片或均匀散布，或集中在基半部，或集中在上角附近呈现翠蓝色。后翅亚外缘有一列弯月形蓝色斑纹和红色斑纹。外缘呈波状，臀角有

红色的环形斑纹。

分布区域： 碧翠凤蝶在国内分布于除新疆外的全国大部分地区；在国外分布于日本、朝鲜、韩国、越南、印度和缅甸。

幼体特征： 碧翠凤蝶的幼虫寄生在芸香科柑橘属植物及光叶花椒、食茱萸、楝叶吴萸等植物。初龄幼虫为褐色，四龄幼虫腹部背侧的白纹减退，体色变成暗绿色，老熟幼虫体色为深绿色、鲜绿色或黄色。

雌雄差异： 碧翠凤蝶雌蝶和雄蝶的区别为雄蝶前翅有天鹅绒状的性标。

生活习性： 碧翠凤蝶一般在日间

脉纹间的翠绿带
翅膀为黑色
后翅的波状外缘
弯月形的蓝色斑纹

活动，成虫喜欢访花，通过吸取花蜜来补充营养。

栖息环境： 碧翠凤蝶栖息在海拔比较高的绿林地带。

| 翅展：9 ～ 13.5 厘米 | 活动时间：白天 | 食物：花蜜、植物汁液等 |

大黄带凤蝶

科属：凤蝶科、凤蝶属

大黄带凤蝶是目前北美地区发现的最大的蝴蝶之一。其背部和翅膀均呈深褐色或黑色，前翅和后翅均分布有成列的黄色大斑纹，色彩对比明显，容易辨认，通过斑纹的大小可以和其他种类的凤蝶加以区分。后翅有尾状的突起，

前翅的黄色大斑带

翅膀呈深褐色或黑色

尾状突起上有黄色的眼斑

上面缀有黄色的眼斑。

分布区域： 大黄带凤蝶主要分布于中美洲，另外，在墨西哥以及美国南部也有分布。

幼体特征： 大黄带凤蝶幼虫的身体呈褐色，带有污白色的斑。它们以各种野生植物为食。

生活习性： 大黄带凤蝶一般在日间活动比较多，成虫喜欢访花，吸取花蜜。

栖息环境： 大黄带凤蝶主要栖息在热带雨林中。

繁殖特点： 成虫将卵产于寄主植物上面，一段时间后卵孵化为幼虫，幼虫成熟后便开始停止进食，寻找合适的地方结蛹，成虫的身体在蛹内发育，等完全发育成熟后便会破蛹而出。

翅展：10 ~ 14 厘米	活动时间：白天	食物：花粉、花蜜、植物汁液等

非洲白凤蝶

科属：凤蝶科、凤蝶属

非洲白凤蝶的雄蝶腹部为锥形，翅膀呈黄色或白色，前缘呈黑色，顶角和翅外缘有黑色大斑纹，后翅的尾状突起较长，突起中部有翅脉穿过。

分布区域： 非洲白凤蝶主要分布于非洲撒哈拉沙漠以南地区，也

前缘呈黑色

翅膀呈黄色或白色

雄蝶

腹部为锥形

后翅的尾状突起较长

有部分分布于马达加斯加、科摩罗群岛等地。

幼体特征： 非洲白凤蝶绿色的幼虫身体丰满，有白色的斑纹和橘红色的臭角。它们以柑橘和近绿植物为食物。

雌雄差异： 非洲白凤蝶雄蝶呈黄色或白色，饰有白色花纹，雌蝶有多型现象，能各自模拟不同的斑蝶属蝴蝶，非拟态雌蝶的后翅有尾状突起。

生活习性： 非洲白凤蝶一般在日间活动，成虫喜欢访花，通过吸取花蜜来补充营养。

栖息环境： 非洲白凤蝶多栖息在热带地区，以茂密的林叶地这些为主要栖息环境。

翅展：9 ~ 10.8 厘米	活动时间：白天	食物：花粉、花蜜、植物汁液等

裳凤蝶

科属：凤蝶科、裳凤蝶属

翅脉两侧为白色

雄蝶

腹部为浅棕色或黄色

裳凤蝶的触角、头部和胸部均为黑色，头胸侧边有红色的绒毛，腹部为浅棕色或黄色。裳凤蝶与金裳凤蝶的区别在于：裳凤蝶雄蝶后翅黑边呈规则波浪形，金裳凤蝶的后翅黑边模糊；裳凤蝶后翅靠近内缘有黑斑，而金裳凤蝶则不明显。

分布区域：裳凤蝶在国内分布于南方地区；在国外主要分布于尼泊尔、印度、孟加拉国、缅甸、马来西亚、印度尼西亚、文莱、老挝、柬埔寨、泰国、越南，还有极少数分布于安达曼群岛和尼科巴群岛。

幼体特征：裳凤蝶的幼虫体形较大，生有粗大的管状肉质突起。幼虫以马兜铃属植物的叶片和嫩芽为食物。

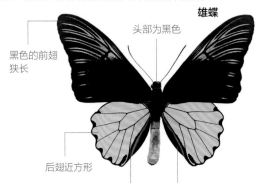

雄蝶

头部为黑色

黑色的前翅狭长

后翅近方形

清晰的脉纹　　靠近内缘有黑斑

雌雄差异：裳凤蝶的雄蝶前翅为黑色，狭长，各翅脉两侧为白色。后翅近方形，尾翼金黄色，脉纹清晰，正面沿内缘有褶皱。雌蝶体形比雄蝶稍大，前翅为黑色或褐色，后翅为金黄色，亚缘有一列三角形的黑色斑纹。

生活习性：裳凤蝶一般在日间活动，成虫喜欢滑翔飞行，飞行速度缓慢，姿态优美。成虫全年可见，尤其是 3 ~ 4 月数量比较多。成虫喜欢在晨间或黄昏时飞到花丛中访花，吸取花蜜。

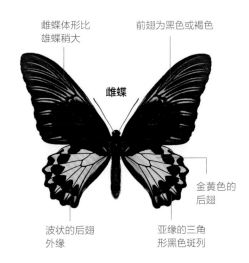

雌蝶体形比雄蝶稍大

前翅为黑色或褐色

雌蝶

金黄色的后翅

波状的后翅外缘

亚缘的三角形黑色斑列

栖息环境：裳凤蝶的栖息环境以低海拔山区为主。

繁殖方式：裳凤蝶一年可发生多代，成虫一次可产卵 5 ~ 20 枚，以保证种族的繁殖和族群的数量。

| 翅展：13 ~ 15 厘米 | 活动时间：白天 | 食物：花蜜、花粉、植物汁液等 |

旖凤蝶

科属：凤蝶科、旖凤蝶属
别名：欧洲杏凤蝶

　　旖凤蝶翅膀为黄色，前翅有
7条黑色的横带，其中自基部起第
1、第2、第4和第7条横带延伸到
了翅膀后缘，第3和第5条只延伸到
了翅中部。后翅后缘和中部均有一条
黑带，外缘的黑带镶嵌有5个新月状的
斑，靠前缘的一个为黄色斑，余下4个
为蓝色斑。臀角有一个黑色蓝心的三
角斑及黄色横斑。

分布区域： 旖凤蝶在国内主要分布于新
疆地区；在国外分布于中亚、西亚和
欧洲中部、南部地区，极少部分分布
于北非地区。

前翅的黑色
横带

臀角的黄色横斑

蓝色的斑点

臀角黑色蓝
心的三角斑

细长的尾突

黄色的翅膀

黑色的背部

后翅后缘的
黑带

生活习性： 旖凤蝶一般在白天进行活动，成虫
飞行快，但是动作不太敏捷，喜欢张开翅膀在
空中滑翔。雄蝶在夏天的时候习惯于在湿地
面上吸水。卵单产于寄主植物的嫩芽与嫩叶
的背面。

繁殖方式： 旖凤蝶属于完全变态昆虫，它们
的繁殖会经历4个阶段，即产卵、孵化、结
蛹和羽化。

趣味小课堂： 旖凤蝶被《国家保护的有益的或
有重要经济、科学研究价值的陆生野生动物名
录》收录。

幼体特征： 旖凤蝶的幼虫寄主植物为梅属、欧洲
花楸、酸山楂、梨属等植物。幼虫在寄主植物的
叶片表面栖息，低龄期幼虫一般在阳光照射得到
的地方活动，一龄幼虫头部为黑褐色，有光泽，
臭角为淡黄色。

雌雄差异： 旖凤蝶雄蝶的外生殖器的上钩突缺，
雌性外生殖器的产卵瓣为半圆形，交配孔宽大。
该蝶种的两性可以从这个特征进行区别。

| 翅展：7厘米 | 活动时间：白天 | 食物：花蜜、植物汁液等 |

107

绿带翠凤蝶

科属：凤蝶科、凤蝶属
别名：深山乌鸦凤蝶

　　绿带翠凤蝶身体和翅膀均为黑色，前翅外缘的带状纹是由金绿色鳞片密集形成，后翅中部由金蓝色的鳞片密集成带状纹，前后翅的带状纹相连。

分布区域：绿带翠凤蝶在国内分布于四川、云南、湖北、江西、北京、黑龙江、吉林、河北和台湾；在国外分布于日本、朝鲜、韩国和俄罗斯。

雄蝶

外缘带状纹布满金绿色的鳞片

后翅中部金蓝色的鳞片

镶有蓝边的半环形斑纹

外缘翠蓝色的弯月形斑纹

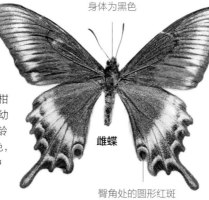

身体为黑色

雌蝶

臀角处的圆形红斑

幼体特征：绿带翠凤蝶幼虫寄主为芸香科的黄檗、柑橘属植物等。低龄幼虫呈鸟粪状，五龄幼虫头部为淡绿色，前胸背板绿色，中央有一条白色的纵带。

雌雄差异：绿带翠凤蝶的雄蝶后翅基半部的上半部布满翠蓝色的鳞片，从上角到臀角有一条翠蓝和翠绿色的横带，外缘有6个翠蓝色的弯月形斑纹，臀角有一个镶有蓝边的环形或半环形斑纹，外缘呈波状，尾突有蓝色带。雌蝶前翅为浅黑色，亚外缘区有灰白色的横带。后翅外缘有6条红斑，略呈新月形，臀角有一个圆形的红斑。

生活习性：绿带翠凤蝶一般在日间活动，成虫习惯于沿山路飞行，飞行速度比较快，敌人难以捕捉到。

栖息环境：绿带翠凤蝶栖息在植物表面和枯树的枝干表面。

前翅的黑色脉纹

后翅外缘略呈新月形的红斑

腹部饱满

| 翅展：9~12.5厘米 | 活动时间：白天 | 食物：花粉、花蜜、植物汁液等 |

日本虎凤蝶

科属：凤蝶科、虎凤蝶属
别名：岐阜蝶

触角末端呈棒状

后翅外缘呈波状

日本虎凤蝶是世界上比较珍稀的蝶类之一，它们的身体为黑色，触角末端呈棒状。翅膀基色为黄色，翅脉为黑色，翅面黑色和黄色相间而成的纵斑纹像虎皮一样，前翅和后翅都近似三角形，外缘的黑带较宽。后翅外缘呈波状，外缘黑带上镶着弯月形黄斑，黑带中间嵌有蓝色的斑点，最内侧有一列红斑，呈弯月状，尾端有一对较短的尾突。

分布区域： 日本虎凤蝶是日本特有蝶种，分布于日本南部的部分地区。日本称之为"岐阜蝶"。

趣味小课堂： 日本虎凤蝶被列入世界自然保护联盟（IUCN）2012 年濒危物种红色名录ver3.1——近危（NT）。

黑色的翅脉

翅膀基色为黄色

外缘黑带上的弯月形黄斑

近三角形的后翅

黑、黄色相间的纵斑纹似虎皮

外缘的黑带较宽

前翅近似三角形

最内侧的一列弯月状红斑

幼体特征： 日本虎凤蝶幼虫很像鸟粪，幼期后期的幼虫身体丰满，遍体绿色，有一对鲜明的黄黑双色眼纹。

雌雄差异： 日本虎凤蝶雌蝶和雄蝶同型，只是雌蝶比雄蝶颜色稍淡，雄蝶的体形比雌蝶略小。雄蝶的寿命为 17 ～ 20 天，雌蝶的寿命为22 ～ 25 天。

生活习性： 日本虎凤蝶在日间活动，它们喜欢在阳光充足的地方活动，飞翔能力不强。它们身体的颜色和条纹形成的警戒色可以起到自我保护的作用。成虫出现时间比较早，一般在 3 月上旬便可看见它们活动，由于该蝶种的雄蝶比较少，所以雄蝶可以进行多次交配。

栖息环境： 日本虎凤蝶习惯栖息在光线强、湿度不太大的林缘地带，通常在日落前后栖息于低洼沼泽地带的枯草丛中。

| 翅展：9 ～ 11 厘米 | 活动时间：白天 | 食物：坠落的腐果、粪便等的汁液 |

美凤蝶

科属：凤蝶科、凤蝶属
别名：多型凤蝶、多型蓝凤蝶、多型美凤蝶

　　美凤蝶是一种雌雄异型的蝴蝶，从其属名"Memnon"为希腊神话中的埃塞俄比亚国王，可见该蝶的雍容华贵。

分布区域：美凤蝶主要分布于我国长江以南各省，如云南、四川、湖南、浙江等地，还有部分分布于日本、印度、缅甸、泰国等国家。

幼体特征：美凤蝶的幼虫寄主为芸香科的柑橘属、双面刺、食茱萸等植物。幼虫头部初呈黑褐色，而后颜色渐淡。

雌蝶（有尾突型）

脉纹为黑褐色或黑色

脉纹两侧为灰褐色或灰黄色

臀角的长圆黑斑

尾突末端膨大呈锤状

雌蝶（无尾突型）

中室基部为红色

后翅基半部为黑色

外缘呈波状

亚外缘区的黑斑

雌雄差异：美凤蝶是一种雌雄异型、雌性多型的蝴蝶。雄蝶身体为黑色，翅膀正面呈天鹅绒状，基部有时会出现一个大红斑。无尾突型雌蝶前翅基部为黑色，中室基部红色，前缘和脉纹均为黑褐色或黑色，脉纹两侧为灰褐色或灰黄色；后翅基半部黑色，白色端半部被脉纹分成长三角形斑，亚外缘区为黑色，外缘呈波状，臀角处有长圆形黑斑。有尾突型雌蝶前翅和无尾突型相似，后翅中区各翅室均有一个白斑，外缘呈波状，波谷有红色或黄白色斑点，臀角的长圆黑斑周围为红色，尾突末端膨大如锤状。

生活习性：美凤蝶一般在日间活动，成虫飞行能力强，经常出现在庭园花丛中，可以看到它们经常按固定的路线飞行而形成的蝶道。

栖息环境：美凤蝶栖息在平地至海拔 2 500 米的山区。

基部红色区域较雌蝶大

雄蝶

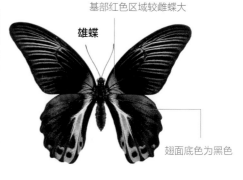

翅面底色为黑色

| 翅展：10.5 ~ 14.5 厘米 | 活动时间：白天 | 食物：花蜜等 |

巴黎翠凤蝶

科属：凤蝶科、凤蝶属
别名：琉璃翠凤蝶、大琉璃纹凤蝶

巴黎翠凤蝶属中型凤蝶，躯体为黑褐色，翅背面底色为褐色或黑褐色，密布有翠绿色的鳞片，脉纹为黑色，前翅亚外缘有一列黄绿色或翠绿色的横带。后翅内侧有一片黄褐色的鳞，中域靠近亚外缘有一块较大的翠蓝色或翠绿色斑，斑后有一条淡黄、黄绿或翠蓝色窄纹通到臀斑内侧，亚外缘有不太明显的淡黄或绿色斑纹，臀角有一个红色的环形斑。尾突呈叶状，比较明显。

生活习性： 巴黎翠翠翠凤蝶一般在日间活动，成虫喜欢访花，并且喜欢白色的花，飞行十分迅速。它们的警觉性很高，一般不易被捕捉到。该蝶种习惯群聚，受到敌人的侵犯后会飞走，等到安全后再飞回原地。巴黎翠凤蝶的寄主植物是芸香料的飞龙掌血、柑橘属植物。

栖息环境： 巴黎翠凤蝶栖息在低海拔地区，尤其是常绿林地带。

繁殖方式： 巴黎翠凤蝶属于完全变态昆虫，它们的繁殖会经历产卵、孵化、结蛹和羽化4个阶段。

趣味小课堂： 巴黎翠凤蝶因为后翅有金绿或金蓝色大斑而被喻为宝镜。该蝶在中国数量极少。

翅膀底色为褐色或黑褐色

后翅内侧有黄褐色的鳞

脉纹为黑色

亚外缘有黄绿色或翠绿色的横带

淡黄、黄绿或翠蓝色的窄纹

黑褐色的躯体

翠蓝色或翠绿色大斑

臀角的红色环形斑

尾突呈叶状

分布区域： 巴黎翠凤蝶分布于中国、印度、老挝、泰国、越南、缅甸和印度尼西亚。

幼体特征： 巴黎翠凤蝶的幼虫以寄主植物飞龙掌血、柑橘属植物的叶片和嫩芽为食物。一至四龄幼虫像鸟粪，一龄幼虫头部呈淡褐色，胸部背侧有明显的黑褐色斑。老熟幼虫头部呈淡绿色，体色鲜绿。

翅展：9～11厘米　　　活动时间：白天　　　食物：坠落的腐果、粪便等的汁液

绿带燕凤蝶

科属：凤蝶科、燕凤蝶属
别名：绿带燕尾凤蝶、粉绿燕凤蝶

　　绿带燕凤蝶的外形独特，有长而宽的折叠尾和长长的触角，身体和翅膀均为黑色。该蝶种与燕凤蝶很相似，只是前后翅有绿色横带，但绿色横带会随标本保存时间的延长而褪色。该蝶种头部较宽，前翅呈直角形，亚基部有一条透明绿带与后翅中区的透明绿带相连，后翅窄而长，折叠成一条很长的尾。

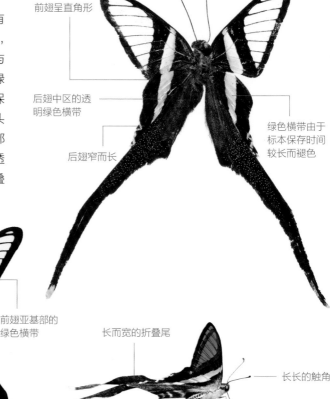

前翅呈直角形

后翅中区的透明绿色横带

后翅窄而长

绿色横带由于标本保存时间较长而褪色

头部较宽

前翅亚基部的绿色横带

身体为黑色

长而宽的折叠尾

长长的触角

分布区域：绿带燕凤蝶主要分布于中国、越南、缅甸、泰国和马来西亚。

幼体特征：绿带燕凤蝶的幼虫寄主为使君子科植物，以寄主植物的叶片和嫩芽为食物。五龄幼虫头部呈淡绿色，有黑色的斑纹，前胸背板为绿色，身体呈深绿色。

雌雄差异：绿带燕凤蝶的雄蝶和雌蝶相似，二者的区别在于雌蝶在腹部腹面尾端有一个较大的交配槽。

生活习性：绿带燕凤蝶一般在日间活动。喝水过多时，会从肛门有节奏地喷出水来。成虫喜欢访花，但是只限于访花，不会停息在上面。

栖息环境：绿带翠凤蝶喜欢靠近水的地方，多栖息在林间沼泽地中。

| 翅展：4.4 ~ 4.7 厘米 | 活动时间：白天 | 食物：花蜜、腐烂果实、植物汁液等 |

玉带凤蝶

科属：凤蝶科、凤蝶属
别名：白带凤蝶、黑凤蝶、缟凤蝶

玉带凤蝶，头部较大，身体和翅膀均为黑色，复眼为黑褐色，触角棒状，胸部背有10个小白点，白点形成两纵列。

分布区域： 玉带凤蝶的分布范围比较广，在国内分布于南部地区和西部地区，从黄河以南到台湾、海南都有分布；在国外分布于巴基斯坦、印度、尼泊尔、斯里兰卡、缅甸、泰国、日本、越南、老挝、柬埔寨，以及安达曼群岛、尼科巴群岛、马来西亚半岛和塞班岛。

雄蝶

黑色的前翅

前翅外缘的黄白色小斑点

波浪形的后翅外缘

中部的7个黄白色斑斜列成玉带状

雌蝶

头部较大

中部有4个较大的黄白斑

外缘内侧有6个深红黄色的半月形斑

栖息环境： 玉带凤蝶多栖息在市区、山麓、林缘和花圃，尤其多在柑橘园里活动。

繁殖方式： 玉带凤蝶根据地区不同，一年的繁殖次数也不一样，在河南一年可发生3~4代，在福建、广东一年可发生5~6代，在浙江、四川、江西等地一年可发生4~5代。雌蝶的产卵时间通常在每年夏初。

幼体特征： 玉带凤蝶的幼虫习性与柑橘凤蝶相似，以桔梗、柑橘属等芸香科植物的叶为食物。幼虫头部为黄褐色，身体为绿色至深绿色。一龄至三龄幼虫身上有肉质的突起和淡色的斑纹，似鸟粪，四龄幼虫呈油绿色。

雌雄差异： 玉带凤蝶雌雄异型。雌蝶有多种形态，斑纹变化很大，翅膀黑色。黄斑型后翅近外缘处有数个半月形的深红色小斑点，或在臀角有一个深红色的眼状纹；赤斑型后翅外缘内侧有6个横列的深红黄色的半月形斑，中部有4个较大的黄白色斑点。雄蝶前翅各室外缘有7~9个黄白色的小斑点，状如缺刻；后翅外缘呈波浪形，有尾突，中部的7个黄白色斑斜列成玉带状，横贯全翅。

生活习性： 玉带凤蝶一般在日间活动，成虫喜欢访花，常访的植物有马缨丹、龙船花、茉莉等。它们喜欢在阳光普照的花园里嬉戏玩耍，吸食地面上的水。玉带喜欢模仿红珠凤蝶，因为红珠凤蝶是有毒的，以此"误导"天敌，从而保护自己。

翅展：7.7~9.5厘米　　活动时间：白天　　食物：花粉、花蜜、植物汁液等

丝带凤蝶

科属：凤蝶科、丝带凤蝶属
别名：白凤蝶、软凤蝶、马兜铃凤蝶、软尾亚凤蝶

　　丝带凤蝶是我国比较珍贵的蝶种，因尾突细长如飘飞的丝带而得名。丝带凤蝶翅面为乳白色到乳黄色，嵌着一些黑斑，尾突细长，像飘带一样。

分布区域：丝带凤蝶在国内主要分布于江西、湖南、宁夏、甘肃；在国外分布于朝鲜、韩国和日本。

幼体特征：丝带凤蝶的幼虫寄主植物为马兜铃，幼虫以寄主植物的叶片和嫩芽为食物。

前翅中室的黑褐色斑
翅面为黄棕色
雌蝶
镶有黑边的红色中带
尾突较长，末端为黄白色
黑色的外缘呈波状

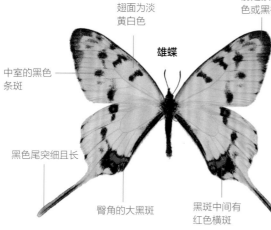

翅面为淡黄白色
前翅顶角为黑色或黑褐色
雄蝶
中室的黑色条斑
黑色尾突细且长
臀角的大黑斑
黑斑中间有红色横斑

雌雄差异：丝带凤蝶雌雄异型。雄蝶翅面为淡黄白色，斑纹为黑色，前翅前缘、顶角和外缘为黑色或黑褐色，中室中部和端部各有一个黑色条斑。后翅的中横带和臀角的大黑斑相连。大黑斑中间有红色横斑，有蓝斑位于红色横斑下方，尾突细且长。雌蝶翅面为黄色，斑纹黑褐色。前翅中室有5个不规则的黑褐色斑，后翅基区有不规则的斜横带，镶有黑边的红色中带在错位后直达后缘，红色带外侧为黑色带，部分此带间有蓝斑。黑色外缘呈波状，尾突较长，末端为黄白色。

生活习性：丝带凤蝶在日间活动，它们喜欢聚集在一起飞翔轻舞，动作经缓优美，观赏性强。成虫喜欢访花，通过吸食花蜜来补充营养。

栖息环境：丝带凤蝶的栖息地以山区为主。

繁殖方式：丝带凤蝶属于完全变态昆虫，它们的繁殖需要经历产卵、孵化、结蛹和羽化4个阶段。

观赏价值：丝带凤蝶曾被列为我国14种珍贵蝴蝶种类之一，是国际收藏家的首选蝶种，也可制作为观赏工艺品。

趣味小课堂：在江浙地区，人们将雌雄丝带凤蝶称作"梁祝蝶"。丝带凤蝶的成虫非常美丽，可以称为蝶中"仙子"，其幼虫则完全相反，被称作是"丑八怪"。

翅展：4.2 ~ 7 厘米　　　　活动时间：白天　　　　食物：花粉、花蜜、植物汁液等

双尾褐凤蝶

科属：凤蝶科、尾凤蝶属
别名：二尾凤蝶、二尾褐凤蝶、云南褐凤蝶、二尾褐绢蝶

前翅的黄白色
的斜带纹

后翅的波
状外缘

靠外的尾突较
长，末端锤状

臀角的拇
指状突起

双尾褐凤蝶为我国特有蝶种。该种凤蝶自 20 世纪 30 年代在云南发现后，直到 1981 年在贡嘎山才再次被发现，是世界珍奇蝶种之一。双尾褐凤蝶翅膀为黑色，有较宽的黄白色斜带纹。后翅黄色斑

纹比较散乱，翅膀外缘为波状，有 2 个尾状突起。靠外的尾突较长，末端稍膨大如锤状，臀角有一个拇指状突起。

分布区域： 双尾褐凤蝶主要分布于我国四川、云南。

幼体特征： 双尾褐凤蝶的幼虫寄主为马兜铃科马兜铃属植物，幼虫以寄主植物的叶片为食物，一般喜欢群体性生活。

雌雄差异： 双尾褐凤蝶可以通过习性来区别雌雄，雌蝶的活动范围比较狭窄，主要在寄主植物附近活动。雄蝶则到处飞行，活动范围比较广。

生活习性： 双尾褐凤蝶在日间活动，成虫喜欢访花，也喜欢群栖。有的成虫不仅吸食花蜜，而且嗜取某些特定植物的花蜜。

翅展：6～7 厘米	活动时间：白天	食物：花蜜、腐烂的果实、植物汁液等

南美大黄蝶

科属：粉蝶科、菲粉蝶属
别名：黄杏蝶

前翅的"∨"形斑

翅膀为黄色

南美大黄蝶的英文名是"Orange-barred giant sulphur"，意为"橙色条纹的巨大粉蝶"。南美大黄蝶也常被称为"黄杏蝶"。

分布区域： 南美大黄蝶分布范围比较广，在巴西南部至美国的佛罗里达州之间都有分布。

幼体特征： 南美大黄蝶的幼虫身体为黄绿色，身体两侧有横向的皱纹和黑褐色的条带，以山扁豆属植物的叶子为食物。

雌雄差异： 南美大黄蝶雌蝶的前后翅为黄色或白色，有褐色或黑色的斑点，腹面的橙红和紫色调会由于变异而有所相同。雄蝶前翅有一条宽大的橙色条，其英文名也是因此而得。

生活习性： 南美大黄蝶一般在日间活动，成虫喜欢访花，通过吸

后翅边缘有暗色的晕渲

取花蜜来补充营养。它们经常会在公园和花园嬉戏。

栖息环境： 南美大黄蝶栖息在树木繁盛的地方，有的栖息在寄主植物叶片上，有的栖息在枝干上。

繁殖方式： 南美大黄蝶属于完全变态昆虫，它们的繁殖会经历 4 个阶段，即产卵、孵化、结蛹和羽化。

翅展：7～8 厘米	活动时间：白天	食物：花粉、花蜜、植物汁液等

黑脉园粉蝶

科属：粉蝶科、园粉蝶属
别名：棕脉粉蝶

黑脉园粉蝶翅膀表面底色为白色，具黑色的脉纹，翅腹面为米白色，具淡褐色条纹。湿季型个体翅膀表面的黑色脉纹较不明显，翅腹面为暗灰色。黑脉园粉蝶的成虫于 3～10 月出现。

分布区域：黑脉园粉蝶在国内分布于湖北、福建、广东、广西、台湾、云南、海南；在国外分布于印度、缅甸、越南、老挝、泰国、马来西亚。

翅膀为白色或乳白色

黑褐色的脉纹

雄蝶

后翅的黑色脉纹不如前翅明显

体形较旱季型大

雌蝶（湿季型）

翅面为黄白色

幼体特征：黑脉园粉蝶的幼虫多毛，以广州山柑的叶片为食物。

雌雄差异：黑脉园粉蝶雌雄异型。雄蝶翅膀正面为白色或乳白色，脉纹为黑褐色，外缘脉段的三角形黑斑相连成带，且各斑沿翅脉向内延伸，后翅的黑色脉纹没有前翅明显，亚缘黑带模糊甚至消失。雌蝶的黑色翅脉和斑纹比雄蝶多很多，后翅亚缘带明显完整，湿季型蝶种体形大于旱季型，呈黄白色。

生活习性：黑脉园粉蝶一般在日间活动，成虫喜欢访花，飞行十分迅速，飞行路线不规则。

翅脉不太明显

顶角呈黑色

雌蝶（旱季型）

栖息环境：黑脉园粉蝶多分布于低海拔山区，喜欢栖息在林缘开阔地带。

繁殖方式：黑脉园粉蝶属于完全变态昆虫，它们的繁殖会经历产卵、孵化、结蛹和羽化 4 个阶段。

| 翅展：6～7 厘米 | 活动时间：白天 | 食物：花粉、花蜜等 |

端红蝶

科属：粉蝶科、鹤顶粉蝶属

端红蝶是亚洲最大的粉蝶，是常见的蝶类。当它夹紧翅膀时，从外侧只能见到下翅腹面的枯叶状花纹，这是它的保护色。端红蝶前翅表面约有一半为橙红色。

分布区域：端红蝶主要分布于印度、马来西亚、中国和日本。

幼体特征：端红蝶幼虫为绿色，两侧有浅色的条纹，以鱼木等植物为食物。

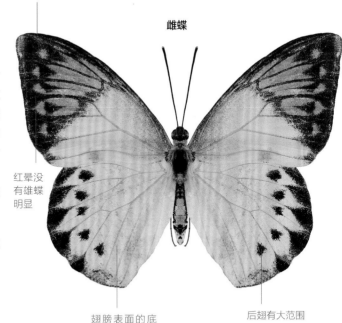

前翅尖形的翅端

雌蝶

红晕没有雄蝶明显

翅膀表面的底色略带黄绿色

后翅有大范围的黑色斑纹

前翅近一半为橙红色

雄蝶

生活习性：端红蝶一般在日间活动，成虫喜欢访花，吸食花蜜，雄蝶会停留在溪边湿地上吸水。成虫在 3 ~ 11 月出现，一般在溪流、花丛间活动和觅食，飞行速度很快。

栖息环境：端红蝶除了冬天外，其余时间基本栖息在低、中海拔山区。

繁殖方式：端红蝶属于完全变态昆虫，它们的繁殖会经历 4 个阶段，即产卵、孵化、结蛹和羽化。

后翅表面的底色几近白色

翅膀大型表明其飞行能力强

雌雄差异：端红蝶雌雄蝶的腹面相似，背面差异较大。雄蝶翅膀表面底色几近白色，雌蝶比雄蝶颜色更深，翅膀表面底色略带黄绿色，而且后翅有大范围的黑色斑纹图案。

翅展：7 ~ 9 厘米　　　　活动时间：白天　　　　食物：花蜜、植物汁液等

鹤顶粉蝶

科属：粉蝶科、鹤顶粉蝶属
别名：赤顶粉蝶、红襟粉蝶

鹤顶粉蝶是我国粉蝶中体形最大的一种，其前翅顶端的红斑特别显眼。鹤顶粉蝶的卵也特别大，是我国蝴蝶中最大的。

分布区域：鹤顶粉蝶分布范围比较广，在国内分布于福建、广东、广西、海南、四川、云南、香港、台湾；在国外分布于泰国、孟加拉国、斯里兰卡、尼泊尔、不丹、缅甸、老挝、菲律宾、印度。

黑色锯齿状的斜纹

雄蝶

顶部的三角形赤橙色斑

一列黑色的箭头纹

后翅外缘脉端的黑色箭头纹

翅膀呈白色

翅膀为黄白色

雌蝶

后翅外缘有 1 列黑色的箭头纹

幼体特征：鹤顶粉蝶幼虫的原生寄主是广州槌果藤和鱼木。一龄幼虫体表有长刚毛，体色为黄绿色。三龄幼虫开始身体无毛，体色变得更绿。四龄幼虫胸部两侧会出现红色和蓝色的眼状突起。

雌雄差异：鹤顶粉蝶雄蝶的翅膀为白色，前翅前缘及外缘处至外缘近后角处有黑色锯齿状斜纹，围住顶部三角形、被黑色脉纹分割的赤橙色斑，外室内有一列黑色的箭头纹。后翅外缘脉端有黑色箭头纹。雌蝶翅膀为黄白色，翅面散布有黑色的磷粉，后翅外缘和亚缘各有一列黑色的箭头纹。

生活习性：鹤顶粉蝶一般在日间活动，成虫体格健壮，飞行十分迅速，较难被捕捉到，飞行时比较喜欢滑翔，喜欢访花，吸食花蜜，也喜欢在小水塘边和湿地吸水，比较容易受惊。

栖息环境：鹤顶粉蝶大部分栖息在林区和丘陵地带。

繁殖方式：鹤顶粉蝶属于完全变态昆虫，它们的繁殖会经历产卵、孵化、结蛹和羽化 4 个阶段。

观赏价值：鹤顶粉蝶体态优美，色彩艳丽，行动灵活，具有很高的观赏价值。

趣味小课堂：鹤顶粉蝶的卵和幼虫受天敌危害比较严重，其卵期的天敌主要是寄生蜂，幼虫期的天敌主要是蚂蚁、猎蝽、病菌、病毒等，其中威胁最重的是蚂蚁。

翅展：16 ~ 18 厘米　　活动时间：白天　　食物：花粉、坠落的腐果、粪便、植物汁液等

镉黄迁粉蝶

科属：粉蝶科、迁粉蝶属

镉黄迁粉蝶每年发生 5 ~ 8 代，最早在 4 月可见到，最晚在 11 月可见到，是最主要的农业害虫之一。其体形较小巧，背部呈黑色，前翅正面为白色，前缘顶角与外缘有黑色带，后翅正面为鲜黄色，翅脉端部有黑色的斑纹。翅膀反面呈暗黄色，有黄褐色的斑纹。

前缘呈黑色

黑色的背部

前翅正面为白色

后翅正面为鲜黄色

前翅边缘为暗黄色

腹面

前翅后部为白色

翅脉端部有黑色斑纹

生活习性：镉黄迁粉蝶一般在日间活动，成虫飞行速度十分缓慢，但是它们动作非常敏捷，喜欢访花，吸取花蜜。

栖息环境：镉黄迁粉蝶多栖息于植物叶片上。

繁殖方式：镉黄迁粉蝶属于完全变态昆虫，它们的繁殖会经历产卵、孵化、结蛹和羽化 4 个阶段。

分布区域：镉黄迁粉蝶在国内主要分布于海南、云南、广东、福建；在国外主要分布于泰国、越南、印度、澳大利亚、菲律宾。

幼体特征：镉黄迁粉蝶幼虫身体为绿色，其主要的寄主植物为黄槐，幼虫以其叶片为食物，是农业害虫。此外，幼虫还会危害十字花科、豆科、蔷薇科植物等。幼虫破壳后，会马上啃食植株的叶片，很快就能将寄主植物的叶片吃光。

雌雄差异：镉黄迁粉蝶雌蝶的黄色和黑色斑纹比雄蝶更加明显。

| 翅展：约 5.5 厘米 | 活动时间：白天 | 食物：花粉、花蜜、植物汁液等 |

红翅尖粉蝶

科属：粉蝶科、尖粉蝶属

橙红色的翅膀

触角细长

雌蝶

清晰的黑色脉纹

　　红翅尖粉蝶的颜色比较特别，也许是世界上唯一全翅为橙红色的蝴蝶。

分布区域：红翅尖粉蝶广泛分布于印度、缅甸、马来西亚、菲律宾和印度尼西亚等地。

幼体特征：红翅尖粉蝶的幼虫以白花菜科植物为食物。

雌雄差异：红翅尖粉蝶的雌蝶和雄蝶在外观上比较相似，但雌蝶翅膀的周围有黑边，后翅上有一条黑带。雄蝶比较隐蔽，一般会在树冠里面栖息，翅膀为橙红色，前翅尖锐，上面有清晰的而脉纹，后翅内缘有黄色的晕渲。

生活习性：红翅尖粉蝶一般在日间活动，成虫喜欢访花，吸取花蜜和花粉，经常会在树林和花丛中嬉戏玩耍，也喜欢在河岸潮湿的沙地上吸水。

栖息环境：红翅尖粉蝶栖息在树木叶片和枝干上。

繁殖方式：红翅尖粉蝶属于完全变态昆虫，它们的繁殖会经历产卵、孵化、结蛹和羽化 4 个阶段。

| 翅展：7 ~ 7.5 厘米 | 活动时间：白天 | 食物：花粉、花蜜、植物汁液等 |

红肩锯粉蝶

科属：粉蝶科、锯粉蝶属
别名：锯粉蝶、红基锯缘粉蝶

翅膀为鲜黄色或橙黄色

雌蝶

后翅外缘有黑色斑

黑色区域中的黄色斑点

　　红肩锯粉蝶成虫翅面呈黄色，前翅外缘有较宽的黑边，中间分布有黄斑，中室端部有一个黑斑。后翅外缘有黑色斑，多连接成列，翅膀反面为银白色，分布有浅褐色的圆圈。

分布区域：红肩锯粉蝶在国内主要分布于广东和海南；在国外分布于印度、缅甸、泰国、马来西亚、印度尼西亚和越南。

幼体特征：红肩锯粉蝶初龄幼虫啃食寄主植物的叶背，以寄主植物的嫩叶或叶背的叶肉为食物。幼虫有群聚性，进食或休息时均集体行动。

雌雄差异：红肩锯粉蝶雄蝶翅膀为鲜黄色或橙黄色，前翅外缘的1/3 的部分呈黑色，黑色区域中有若干大小不等的黄色斑点。雌蝶有黄、白色 2 种色型。

生活习性：红肩锯粉蝶一般在日间活动，成虫喜欢访花，吸食花

粉和花蜜。

栖息环境：红肩锯粉蝶多栖息于植物叶片上。

繁殖方式：红肩锯粉蝶属于完全变态昆虫，它们的繁殖会经历产卵、孵化、结蛹和羽化 4 个阶段。

| 翅展：4.5 ~ 5.8 厘米 | 活动时间：白天 | 食物：花粉、花蜜、植物汁液等 |

灵奇尖粉蝶

科属：粉蝶科、尖粉蝶属

前翅翅面以白色为主

前翅呈三角形

雄蝶

后翅呈卵圆形

后翅翅面以黄色为主

灵奇尖粉蝶属小型至中型蝶种，其翅膀多以白色、黄色为基调，分布有黑色、红色以及黄色等颜色的斑纹，前翅呈三角形，后翅则呈卵圆形。该蝶种大部分翅膀表面覆盖着一层粉末。

分布区域：灵奇尖粉蝶主要分布于我国海南。

幼体特征：灵奇尖粉蝶幼虫寄主植物多为十字花科、豆科、蔷薇科等植物。

雌雄差异：灵奇尖粉蝶雄蝶的前翅以白色为主，顶部较尖锐，翅膀边缘有黑斑，后翅的底色以黄色为主。雌蝶前翅尖较圆，翅膀以白色为主，有淡黑色的斑。

生活习性：灵奇尖粉蝶习惯在日间活动，成虫喜欢访花，飞行速度极快，喜欢登峰。

栖息环境：灵奇尖粉蝶栖息在林区地带。

繁殖方式：灵奇尖粉蝶属于完全变态昆虫，它们的繁殖会经历产卵、孵化、结蛹和羽化4个阶段。

翅展：5～6厘米	活动时间：白天	食物：花粉、花蜜、植物汁液等

绿斑粉蝶

科属：粉蝶科、云粉蝶属

橄榄绿斑纹

前翅正面中央的黑斑

雄蝶

后翅边缘的白斑比较独特

绿斑粉蝶前翅上有明显的黑斑，其中央的大方形斑是与近缘区别的标志。腹面为浅橄榄绿色，这也是它们休息时的自我保护色。

分布区域：绿斑粉蝶主要分布于中欧和南欧，部分分布于亚洲温带地区。

幼体特征：绿斑粉蝶的幼虫呈蓝灰色，沿着背部和两侧有凸起的黑斑点和黄色条带。幼虫以木樨草、芸苔和近缘植物的叶子为食物。

雌雄差异：绿斑粉蝶雌蝶比雄蝶的体形稍大，并且有范围更大的暗斑，后翅边缘的白斑比较独特。

生活习性：绿斑粉蝶一般在日间活动，成虫一般是在深冬至初秋季节飞翔，通常以木樨、草芸苔和近缘植物为食，喜欢访花，吸取花蜜。

栖息环境：绿斑粉蝶栖息在植物叶片和枝干上面。

繁殖方式：绿斑粉蝶属于完全变态昆虫，它们的繁殖会经历产卵、孵化、结蛹和羽化4个阶段。

翅展：4～5厘米	活动时间：白天	食物：花粉、花蜜和植物汁液等

斑缘豆粉蝶

科属：粉蝶科、豆粉蝶属

斑缘豆粉蝶属中型黄蝶，触角为紫红色，顶端呈锤状。其翅面基半部为黄色，翅缘为桃红色。前翅外缘有较宽的黑边，中间缀有 6 个黄色斑点，中室端部有一个圆形黑斑。后翅基半部呈黑褐色，外缘的 1/3 为黑色，缀有 6 个黄色的圆斑。前后翅的反面均为橙黄色，后翅的圆斑为银色，周围呈褐色。

中室端部有一个圆形黑斑

前翅基半部为黄色

桃红色的翅缘

后翅基半部呈黑褐色

外缘的 1/3 为黑色

紫红色的触角，顶端呈锤状

后翅中央有一个黄色圆斑

翅外缘缀有 6 个黄色的圆点

分布区域： 斑缘豆粉蝶在我国广大地区都有分布；在国外分布于印度、日本、欧洲东部等。

幼体特征： 斑缘豆粉蝶幼虫身体为绿色，黑色短毛较多，气门线为黄白色。幼虫以三叶豆属、苜蓿属、大豆属等植物的叶片为食物。幼虫老熟后在枝茎、叶柄等处化为蛹。

雌雄差异： 斑缘豆粉蝶雌蝶有两种类型，一种与雄蝶同色，另一种类型的底色为白色。

生活习性： 斑缘豆粉蝶通常在日间活动，成虫喜欢访花，7 月时会飞翔在苜蓿、紫云英等豆类作物花丛中。它们会危害到豆科蔬菜和其他豆科植物。

繁殖方式： 斑缘豆粉蝶属于完全变态昆虫，它们的繁殖会经历 4 个阶段，即产卵、孵化、结蛹和羽化。

趣味小课堂： 斑缘豆粉蝶是一种藏族医药，有消肿止痛的功效，可以缓解四肢肌肉缩痛、腿肚转筋、龋齿痛。蛹期的斑缘豆粉蝶可治流血不止、失血过多。

| 翅展：约 4.5 厘米 | 活动时间：白天 | 食物：花粉、花蜜、植物汁液等 |

菜粉蝶

科属：粉蝶科、粉蝶属
别名：菜青虫、白粉蝶

菜粉蝶虫体为黑色，胸部密布白色和灰黑色的长毛，翅膀略小。该蝶种成虫有雌雄二型，也有季节二型的现象，分为春型和夏型2种。该蝶春型翅面上有小黑斑，也有的春型没有；夏型翅面上黑斑比较明显，颜色也比较艳丽。

分布区域：菜粉蝶的分布范围极其广泛，在我国大部分地区都有分布；在国外分布于整个北温带国家，从美洲北部直到印度北部。

雌蝶前翅前缘多为黑色

雌蝶

底面为淡粉黄色

白色的后翅

2个前后并列的黑色圆斑

顶角的大三角形黑斑

雄蝶

身体呈黑色

幼体特征：菜粉蝶幼虫主要寄主为十字花科、菊科、旋花科等植物，食性较杂。初孵的幼虫先将卵壳吃掉，再食用寄主植物的叶片。幼虫初孵化时是灰黄色，后变为青绿色，身体为圆筒形，中段较肥大，背部有一条断续的黄色纵线。

雌雄差异：菜粉蝶雌蝶前翅的前缘和基部多为黑色，顶角有一个大三角形的黑斑，中室外侧有2个前后并列的黑色圆斑。后翅的基部为灰黑色，前缘有一个黑色斑点。雄蝶前翅正面灰黑色部分比较小，翅膀中下方的2个黑斑仅前面一个比较明显。

生活习性：菜粉蝶在日间活动，尤其是在晴天的中午特别活跃。成虫喜欢访花，并在花丛中飞舞，喜欢在花椰菜和结球甘蓝上产卵，也有部分在白菜和菜心上产卵。该种在各地各季节普遍发生。

栖息环境：菜粉蝶通常栖息在背阳面，大多会栖息在菜地附近的墙壁屋檐下，也有部分栖息在篱笆、树干、杂草残株等处。

繁殖方式：菜粉蝶属于完全变态昆虫，它们的繁殖会经历产卵、孵化、结蛹和羽化4个阶段。

防治方法：菜粉蝶是我国最普遍、危害最严重且经常成灾的害虫。菜粉蝶的防治措施有农业防治、生物防治和化学防治。

| 翅展：4.5～5.5厘米 | 活动时间：白天 | 食物：花粉、花蜜等 |

红襟粉蝶

科属：粉蝶科、襟粉蝶属
别名：橙斑襟粉蝶

红襟粉蝶的前翅顶角和脉端均为黑色，中室端有一个肾状的黑斑点。后翅呈斑绿色，由黑色和黄色的鳞片组成，这有助于它们进行伪装。红襟粉蝶和橙翅襟粉蝶非常近似，区别之处在于橙翅襟粉蝶的前翅端部较圆，没有形成顶角，全翅面呈橙红色，黑带较宽，中室端的斑点更加明显。

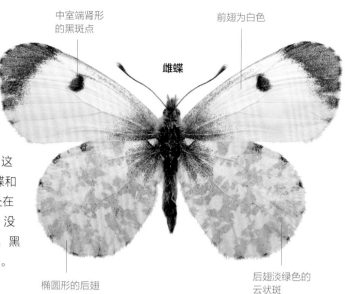

中室端肾形的黑斑点

前翅为白色

雌蝶

椭圆形的后翅

后翅淡绿色的云状斑

前翅端部为橙红色

前翅顶角为黑色

雄蝶

黑色的背部

分布区域： 红襟粉蝶的分布横跨整个欧洲，东延至亚洲温带地区。因为气候的转变，近几年红襟粉蝶的数量增加了很多，具有代表性的是英国苏格兰和北爱尔兰地区。

幼体特征： 红襟粉蝶幼虫的寄主植物为草甸碎米荠、蒜芥及其他野生十字花科植物。幼虫身体为绿色和白色。

雌雄差异： 红襟粉蝶的雄蝶可以将前翅上的橙色藏在后翅下面以隐藏自己。雄蝶前翅端部为橙红色，雌蝶则全部为白色，后翅反面有淡绿色的云状斑。

生活习性： 红襟粉蝶通常在日间活动，成虫喜欢访花、吸取花蜜。春天时，雄蝶会在灌木篱墙以及湿润草地上寻找雌蝶。

栖息环境： 红襟粉蝶栖息在温润的草坪及草地、林地、河堤、沟渠、堤防、沼泽、铁道路堑及郊野路径。

繁殖方式： 红襟粉蝶属于完全变态昆虫，它们的繁殖会经历 4 个阶段，即产卵、孵化、结蛹和羽化。雌蝶会将卵产于草甸碎米荠、蒜芥以及其他野生十字花科植物的花头上，因为大的花朵不适合幼虫生长，所以它们会去寻找更加适合毛虫生长的植株，在寻找过程中，雌蝶的繁殖率会受到影响。幼虫有 5 个阶段，身体呈现出绿色和白色。幼虫通常在夏天结蛹有研究表明，成虫可以延后 2 年才破蛹，以使其在恶劣环境下生存下来。

| 翅展：4 ~ 5 厘米 | 活动时间：白天 | 食物：花粉、花蜜、植物汁液等 |

阿波罗绢蝶

科属：绢蝶科、绢蝶属

阿波罗绢蝶属中型蝶种，秀丽而娇美，深受人们的喜爱。其翅膀为白色或淡黄白色，半透明状，前翅较圆，中室中部和端部各有一个大黑斑，另有2个黑斑位于中室外部，外缘部分呈黑褐色，后缘中部的一个黑斑明显。后翅基部和内缘基半部呈黑色，前缘和翅中部均有一个红色斑，围有黑边，红斑有时为白心。

中室中部和端部各有一个大黑斑

雌蝶

前缘和翅中部均有一个红色斑

臀角的黑斑

雄蝶

后缘中部的黑斑较明显

前翅较圆

黑色的内缘基半部

翅膀为白色或淡黄白色

栖息环境： 阿波罗绢蝶栖息在整个欧洲和亚洲地区，喜欢生活在海拔750～2 000米的高山草甸。

繁殖方式： 阿波罗绢蝶属于完全变态昆虫，它们的繁殖会经历产卵、孵化、结蛹和羽化4个阶段。阿波罗绢蝶一年只发生一代，通常是在蛹期时过冬，成虫一般从8月开始破蛹而出，并进行活动。

趣味小课堂： 阿波罗绢蝶在研究凤蝶类的谱系演化及历史生物地理学上具有重大意义，因为该物种是冰河期残余种。阿波罗绢蝶在波兰和西班牙已经灭绝，目前很多国家都已采取有效的保护措施，使得该蝶种的野生种群数在不断增长，也有部分地区实现了蝴蝶繁殖，可供游客观赏。

分布区域： 阿波罗绢蝶分布范围特别广，在国内主要分布于新疆、内蒙古；在国外分布于整个欧洲。

幼体特征： 阿波罗绢蝶幼虫以景天属植物为寄主植物，身体粗壮，体侧长有黄色或红色的条纹，表面生有较多的刺。一龄幼虫头部呈黑褐色，生有黑色的毛，前胸和背板为黑色而有光泽。

雌雄差异： 阿波罗绢蝶雌蝶颜色较深，前翅外缘的半透明带和亚缘的黑带比雄蝶的宽，后翅的红斑比雄蝶的大和鲜艳。

生活习性： 阿波罗绢蝶通常在日间活动。绢蝶都生活在高山，具有很强的耐寒力。成虫喜欢在雪线上活动，速度缓慢，喜欢贴着地面飞行，因此比较容易被捕捉到。成虫喜欢访花吸蜜，有时也吸食树汁和水中溶解的矿物质等。

| 翅展：7.9～9.2 厘米 | 活动时间：白天 | 食物：花粉、花蜜等 |

山黄蝶

科属：粉蝶科、钩粉蝶属

雄蝶前翅为黄色

腹面

前翅反面中央部分为深橙色

后翅外缘中部的小尾突

山黄蝶是粉蝶属中比较引人注目的蝶种，山黄蝶在加那利群岛上有一个亚种，叫作加那利山黄蝶。山黄蝶和其他种粉蝶的不同处在于，山黄蝶的前翅反面分布有橙色的条纹。

分布区域： 山黄蝶分布于西班牙、法国、意大利、希腊至北非地区，

部分分布于加那利群岛。

幼体特征： 山黄蝶的幼虫身体呈蓝绿色，两侧缀有白色的条纹，以寄主植物鼠李的叶片为食物。

雌雄差异： 山黄蝶雄蝶的前翅呈黄色，中央部分为深橙色，比较明显，后翅外缘中部有小尾突，比较独特。雌蝶比雄蝶略大，翅面的颜色较淡，只有一抹色彩。

生活习性： 山黄蝶通常在日间活动，成虫一般在深冬至第二年秋季可见其飞翔，尤其是在地中海沿岸地带多见，成虫喜欢访花、吸食花蜜。

栖息环境： 山黄蝶通常栖息在菜花田地里。

繁殖方式： 山黄蝶属于完全变态昆虫，它们的繁殖会经历产卵、孵化、结蛹和羽化 4 个阶段。

翅展：5～7厘米	活动时间：白天	食物：花粉、花蜜、植物汁液等

橙黄豆粉蝶

科属：粉蝶科、豆粉蝶属

橙黄色的翅膀

雄蝶

前翅中室端的黑色斑点

外缘黑色带较宽

后翅有橙黄色的斑点

橙黄豆粉蝶是我国特有的物种，对大豆等农作物危害较大。每年生 4～6 代，以幼虫越冬，成虫在 6～8 月时大量出现。橙黄豆粉蝶雌雄两性异型，和斑缘豆粉蝶近似。其翅膀为橙黄色，前翅和后翅外缘的黑色带较宽。而且翅缘整

齐，前后翅中室端的黑斑点和橙黄色的点都较大，和斑缘豆粉蝶不同。

分布区域： 橙黄豆粉蝶主要分布于我国甘肃、青海、陕西、山东、山西、内蒙古、河南、湖北、四川、广西、云南、重庆。

幼体特征： 橙黄豆粉蝶幼虫的寄主植物为白花车轴草、苜蓿、大豆、百脉根等豆科植物。幼虫身体呈绿色，密生有黑色的短毛。

雌雄差异： 橙黄豆粉蝶雌蝶的黑色带中有橙黄色的斑点，雄蝶则

没有。

生活习性： 橙黄豆粉蝶一般在日间活动，成虫喜欢访花，吸取花蜜。

栖息环境： 橙黄豆粉蝶多栖息在草地、农田和森林边缘。

繁殖方式： 橙黄豆粉蝶属于完全变态昆虫，它们的繁殖会经历产卵、孵化、结蛹和羽化 4 个阶段。

翅展：4.3～5.8厘米	活动时间：白天	食物：花蜜、植物汁液等

绢粉蝶

科属：粉蝶科、绢粉蝶属

绢粉蝶成虫发生期为5~8月。绢粉蝶黑色的身体密布绒毛，前翅和后翅的正面均为白色，呈半透明状，脉纹为黑色，翅面上基本没有斑点。前翅略呈三角形，反面略带黄色；后翅反面没有黄色，中域通常散布着一层淡灰色的鳞毛。

分布区域： 绢粉蝶主要分布于我国青海、黑龙江、吉林、辽宁、河北、宁夏、北京、陕西。

幼体特征： 绢粉蝶的幼虫寄主植物为蔷薇科的山杏树、梨树、苹果树、桃树等。绢粉蝶以幼虫越冬，一般集结成群，共同筑巢过冬，等来年早春植株发芽时便会出来觅食。

生活习性： 绢粉蝶在日间活动，一年只发生一代，飞行速度缓慢，成虫喜欢访花，常常喜欢聚集在溪边潮湿的地表吸水。

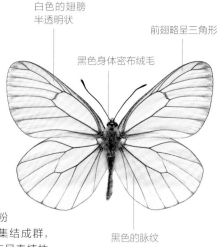

白色的翅膀半透明状
前翅略呈三角形
黑色身体密布绒毛
黑色的脉纹

栖息环境： 绢粉蝶栖息在树叶和枝干上。

繁殖方式： 绢粉蝶属于完全变态昆虫，它们的繁殖会经历产卵、孵化、结蛹和羽化4个阶段。

翅展：6.3~7.3厘米	活动时间：白天	食物：花蜜、植物汁液等

君主绢蝶

科属：绢蝶科、绢蝶属
别名：双珠大绢蝶、康定绢蝶

君主绢蝶属于我国特有的蝶种，其身体呈黑色，翅膀为白色泛绿或淡黄白色，前翅中室中部及横脉处各有一个黑色横形斑，外缘与亚缘有灰色带，中部有3个黑斑，其中接近后缘处的黑斑颜色比较淡。

后翅内缘是黑色，中部有2个红斑，并且红斑中各有一个白色的点。

分布区域： 君主绢蝶主要分布于我国青海、甘肃、四川、云南、西藏。

幼体特征： 君主绢蝶幼虫的寄主植物为黄堇、天蓝韭、红花岩黄耆、延胡索等，幼虫的生长环境活动对生境植被类型具有极大的依赖性。

雌雄差异： 分辨君主绢蝶的雌雄可以从雌蝶翅膀颜色比较深、翅脉呈黄褐色来区分，并且雌蝶在交配后腹下会生出褐色臀带。

翅膀为白色泛绿或淡黄白色
前翅中室中部的黑色横斑

雌蝶

身体呈黑色
近臀角处有两个圆形黑斑
后翅中央白心黑边的大红斑

生活习性： 君主绢蝶一般在日间活动，成虫喜欢访花。

栖息环境： 君主绢蝶栖息在海拔3000米以上的高原沟谷中。

繁殖方式： 君主绢蝶属于完全变态昆虫，它们的一生包含卵、幼虫、蛹和成虫4个时期。

翅展：6~7厘米	活动时间：白天	食物：花粉、花蜜、植物汁液等

云上端红蝶

科属：粉蝶科、襟粉蝶属

　　云上端红蝶与近缘的欧洲种十分好区分，近缘的欧洲种翅面全部是黄色或黄白两间的底色。该蝶种腹面的精致图案会形成斑纹，这个斑纹使它们能隐蔽在植物中间。

分布区域： 云上端红蝶遍布欧洲，还分布于亚洲温带地区。

前翅中部为黄色

前翅基部为白色

前翅顶角为黑色

后翅布满淡绿色云状纹

幼体特征： 云上端红蝶的幼虫身体为浅蓝色或灰绿色，外表类似洋山芋菜、碎米荠和其他食用植物的种荚。

雌雄差异： 云上端红蝶的雌雄差异为雌蝶的翅端为黑色或暗灰色。

生活习性： 云上端红蝶一般在日间活动，成虫喜欢访花，通常在春季和夏季飞行玩耍。

栖息环境： 云上端红蝶栖息在林地草丛中。

翅展：4～5厘米	活动时间：白天	食物：花粉、花蜜、植物汁液等

东方菜粉蝶

科属：粉蝶科、粉蝶属
别名：多点菜粉蝶、东方粉蝶、黑缘粉蝶

　　东方菜粉蝶的头部和胸部有白色的绒毛，腹部是白色，触角端部为匙形。翅膀正面是白色，前翅的前缘脉黑色，顶角有三角形黑斑，并与外缘的黑斑相连一直延伸到 Cu_2 脉以下，黑斑的内缘呈锯齿形。后翅前缘中部有一个黑色的斑，外缘各脉端均有三角形的黑斑。

前翅前缘脉呈黑色

全身密被白色鳞粉

分布区域： 东方菜粉蝶在国内分布于黑龙江、内蒙古、陕西、甘肃、四川、云南和西藏；在国外分布于朝鲜、韩国、日本、菲律宾、越南、老挝、柬埔寨、泰国、缅甸、印度、孟加拉国、新加坡、巴基斯坦和阿富汗。

幼体特征： 东方菜粉蝶的幼虫身体为绿色，身体背面有黑褐色的毛疣，身体周围有墨绿色的圆斑，背中线为鲜黄色。

雌雄差异： 东方菜粉蝶的雌雄差异在于雌蝶的斑纹比雄蝶的斑纹明显，雌蝶基部的黑鳞区比雄蝶的宽。

生活习性： 东方菜粉蝶一般在日间活动，成虫的寄主植物为白菜、白花菜、芥菜等十字花科、白花菜科植物。

栖息环境： 东方菜粉蝶栖息在中低海拔地区。

翅展：4.5～6厘米	活动时间：白天	食物：花粉、花蜜、植物汁液等

非洲长翅毒凤蝶

科属：凤蝶科、毒凤蝶属

非洲长翅毒凤蝶是非洲最大的蝴蝶，同时也是世界上翅膀最长的蝴蝶。该蝶种全身正面都是橘红色调，上有黑色花纹，前翅狭长，后翅近乎圆形。触角比较短小，腹部细长。翅膀反面是灰黄色。

触角短小

身体细长

趣味小课堂：非洲长翅毒凤蝶是世界上最毒的蝴蝶，其毒性强至可以毒死 6 只猫。

雄蝶

翅面基色为橘红色

后翅近圆

前翅前缘脉呈黑色

前翅狭长

雌蝶

后翅有 7 枚黑斑

分布区域：非洲长翅毒凤蝶主要分布于乌干达、刚果（金）、安哥拉。

雌雄差异：非洲长翅毒凤蝶的雌雄差异在于雌蝶的体形比雄蝶的体形大，雌蝶略带橙红色。

生活习性：非洲长翅毒凤蝶一般在日间活动，成虫可以在森林中自由飞行。因为它们的气味比较强，所以在夜间可以根据自己的气味回到原地休息。该蝶种颜色越鲜艳，毒性越强。

栖息环境：非洲长翅毒凤蝶栖息在森林中，以树栖为主。

繁殖方式：非洲长翅毒凤蝶属于完全变态昆虫，它们的繁殖会经历产卵、孵化、结蛹和羽化 4 个阶段。

翅展：12 ~ 25 厘米　　　活动时间：白天　　　食物：腐烂的果实、植物汁液等

宽边黄粉蝶

科属：粉蝶科、粉蝶属
别名：含羞黄蝶、荷氏黄蝶

前翅顶角至后角有黑色宽带

宽边黄粉蝶的翅膀为黄色到黄白色，前翅外缘直到后角有宽黑色带，界限十分明显。后翅外缘黑色带窄且界限比较模糊。翅膀反面遍布黄褐色的小点，前翅中室内有2个斑纹，后翅因 M_3 脉室外缘略突出呈现不规则的圆弧形，这是该蝶种区别同属近缘种的重要特征。

后翅内缘呈白色

后翅边缘呈黑色

眼睛很大，呈黄绿色

翅反面遍布黄褐色的斑点

分布区域： 宽边黄粉蝶在国内主要分布于浙江、广东、台湾、北京；在国外分布于日本、朝鲜、韩国、印度、尼泊尔、阿富汗、斯里兰卡、越南、缅甸、泰国、柬埔寨、孟加拉国、菲律宾、新加坡、马来西亚、印度尼西亚、澳大利亚。

幼体特征： 宽边黄粉蝶幼虫身体为墨绿色，头为浅绿色，有深绿色网纹，气门线灰白色，气门线下淡黑色，各体节上密布小瘤突，体毛末端呈球状，趾钩为三序中带。

雌雄差异： 宽边黄粉蝶的雌雄差异主要在于，雌蝶的体形比雄蝶的体形大。

生活习性： 宽边黄粉蝶一般在日间活动，成虫飞行比较缓慢，警觉性比较高，比较难被捕捉到。成虫常常吸食花蜜来补充营养。

栖息环境： 宽边黄粉蝶多栖息在山地地区，也有部分在溪水地区。

繁殖方式： 宽边黄粉蝶属于完全变态昆虫，它们的繁殖会经历产卵、孵化、结蛹和羽化4个阶段。宽边黄粉蝶的卵多产于林缘黑荆树中下部向阳的嫩叶上，每只雌虫可产卵27～146粒，平均产卵89粒，产卵期为2～3天。

| 翅展：4～5厘米 | 活动时间：白天 | 食物：花粉、花蜜、植物汁液等 |

金斑喙凤蝶

科属：凤蝶科、喙凤蝶属

　　金斑喙凤蝶属于大型凤蝶，其翅膀上的鳞粉闪烁着幽幽的绿光。前翅表面为黑色，分布着光亮的鳞片，前翅上各有一条弧形金绿色的斑带。后翅中央有几块金黄色的斑块，后翅边缘有月牙形的金黄斑，后翅的尾状突出细长。

分布区域： 金斑喙凤蝶在我国仅分布于海南、广东、福建和广西等少数地区。

幼体特征： 金斑喙凤蝶的数量稀少，目前对于该蝶种的幼体形态、寄主植物和生态习性无描述。

雌雄差异： 金斑喙凤蝶雌雄异型。雄蝶的身体和翅膀呈翠绿色，底色呈黑褐色。雌蝶前翅部分翠绿色比较少，大致与雄蝶反面相似，翅膀外缘月牙形斑为黄色和白色，外缘齿突比较长。雌蝶数量较少，很难看到。

生活习性： 金斑喙凤蝶一般在日间活动，成虫活动范围比较高，极难被捕捉到。它们经常在林间的高空飞翔玩耍，有时也会停留在花丛里片刻，姿态优美，华丽且高贵，飞行速度快，有时会在地面上吸水，但是通常又会以很快的速度冲上天空。成虫喜欢访花、吸取花蜜。

前翅金绿色的弧形斑带

后翅中央有几个金黄色的斑块

后翅边缘有月牙形的金黄色斑块

栖息环境： 金斑喙凤蝶主要栖息在亚热带、热带地区，通常生活在海拔 1 000 米左右的常绿阔叶林山地。

繁殖方式： 金斑喙凤蝶的卵通常会在 5 月中旬孵化为幼虫，幼虫在 7 月份化蛹，羽化成蝶一般在 8 月上旬。一年可发生 2 代。

趣味小课堂： 金斑喙凤蝶被列入国际濒危动物保护委员会 R 级、《濒危野生动植物种国际贸易公约》一级保护动物、中国国家林业局《国家重点保护野生动物名录》一级保护动物、世界自然保护联盟 1996 年濒危物种红色名录。

翅基部为深绿色

腹部为黑色

尾突细长，尖端为黄色

| 翅展：11 厘米 | 活动时间：白天 | 食物：花粉、花蜜、植物汁液等 |

马哈美凤蝶

科属：凤蝶科、凤蝶属

马哈美凤蝶翅膀是黑褐色，前翅亚外缘有一列白色斑点，外缘呈波状。后翅中部有一列三角形的青白色大斑，外缘锯齿状，无尾突，翅膀正面与反面相似。

分布区域：马哈美凤蝶在国内分布于广西和云南；在国外主要分布于泰国、印度、缅甸和马来西亚。

幼体特征：马哈美凤蝶的幼虫头部刚开始时为黑褐色，随着成长，颜色逐渐变淡，成熟后颜色为绿色。

前翅亚外缘有一列白色斑点

后翅中部有一列青白色大斑

身体呈黑色

腹面

外缘锯齿状

雌雄差异：马哈美凤蝶的雌蝶和雄蝶异型，雌蝶的体形通常比雄蝶的体形大。雄蝶的飞行能力比雌蝶的飞行能力强。

生活习性：马哈美凤蝶一般在日间活动，一年可发生3代以上，它们经常在庭园花丛中飞行嬉戏，会按照固定的路线飞行形成蝶道。成虫喜欢访花吸蜜。

栖息环境：马哈美凤蝶栖息在平原至海拔2 500米的山区。

繁殖方式：马哈美凤蝶属于完全变态昆虫，它们的繁殖会经历产卵、孵化、结蛹和羽化4个阶段。

后翅近端部为蓝色

翅面基色为黑褐色

| 翅展：约10.5厘米 | 活动时间：白天 | 食物：花粉、花蜜、植物汁液等 |

暖曙凤蝶

科属：凤蝶科、曙凤蝶属
别名：鳞心凤蝶、红肩凤蝶、心形曙凤蝶

暖曙凤蝶头部、胸部和腹部侧面为红色，翅面为黑色，脉纹两侧为灰白色或灰褐色。后翅颜色比较深，狭小，外缘呈波状。该蝶香鳞发达，白色，呈心形，所以又被称作心形曙凤蝶。

分布区域：暖曙凤蝶在国内主要分布于四川、云南、海南、广东、广西；在国外主要分布于印度、泰国、缅甸、越南。

头部呈红色

后翅呈浓郁的黑色

翅膀外缘呈波状

后翅的白斑

腹部侧面呈红色

翅膀有丝绒质感

幼体特征：暖曙凤蝶的幼虫以马兜铃科的异叶马兜铃和大叶马兜铃为主要食物。

雌雄差异：暖曙凤蝶的雌蝶和雄蝶异型，雌蝶的体形大于雄蝶。

生活习性：暖曙凤蝶一般在日间活动，每年可发生1～2代，成虫一般在4～7月出现。成虫飞行速度缓慢，姿态优美，喜欢访花。

栖息环境：暖曙凤蝶栖息在树木茂盛的丛林中。

繁殖方式：暖曙凤蝶属于完全变态昆虫，它们的繁殖会经历产卵、孵化、结蛹和羽化4个阶段。

翅展：8.6～11.2厘米　　　活动时间：白天　　　食物：花粉、花蜜、植物汁液等

云粉蝶

科属：粉蝶科、云粉蝶属
别名：云斑粉蝶、花粉蝶、斑粉蝶

云粉蝶翅面为白色，前翅中室有一个黑斑，顶角后翅外缘由几个黑斑组成花纹状，翅膀背面为墨绿色。

分布区域：云粉蝶在国内分布于黑龙江、吉林、辽宁、新疆、青海、陕西、宁夏、内蒙古、河北、河南、山西、山东、江西、浙江、广东、广西、四川、贵州和西藏等地；在国外分布于北非、西亚、西伯利亚等地。

翅面基色为白色

前翅边缘多黑斑

身体呈黑色，多绒毛

雌雄差异：云粉蝶的雌雄差异在于雌蝶前翅后缘和外缘的斑点比雄蝶的大且颜色深。

前翅中室有一个黑斑

翅膀背面呈绿色

生活习性：云粉蝶一般在日间活动，它们的寄主植物有萝卜、白菜、甘蓝、油菜、荠菜等十字花科蔬菜和豆科牧草。

栖息环境：云粉蝶栖息在树木茂盛的丛林中。

繁殖方式：云粉蝶属于完全变态昆虫，它们的繁殖会经历产卵、孵化、结蛹和羽化 4 个阶段。

翅展：3.5～5.5 厘米　　　　活动时间：白天　　　　食物：花蜜

圆翅剑凤蝶

科属：凤蝶科、剑凤蝶属

　　圆翅剑凤蝶因其前翅顶角及臀角比较圆而得名。该蝶的身体为黑褐色，翅膀为淡白色，前翅基部及亚基区有2条斜横带到后缘，后翅从基部到前缘的近中点有2条斜带，至亚臀角内侧黄斑处会合。

前翅顶角较圆滑

亚臀角内侧有黄斑

翅面淡青白色

翅面具黑色斑纹

身体短粗、圆润，体表多毛

生活习性：圆翅剑凤蝶一般在日间活动，成虫喜欢访花吸食花蜜，停留在湿地上吸水，喜欢群居。

栖息环境：圆翅剑凤蝶栖息在茂密的灌木丛中。

繁殖方式：圆翅剑凤蝶属于完全变态昆虫，它们的繁殖会经历产卵、孵化、结蛹和羽化4个阶段。

分布区域：圆翅剑凤蝶分布于我国云南、江西、四川和湖北等地。

幼体特征：圆翅剑凤蝶的幼虫身体上有规则的黑斑，随着年龄的增长，它们身上的刚毛和毛瘤会全部消失。

雌雄差异：圆翅剑凤蝶的雌蝶和雄蝶同型，无明显差异。

翅展：6~6.5厘米　　　　活动时间：白天　　　　食物：花粉、花蜜、植物汁液等

多姿麝凤蝶

科属：凤蝶科、麝凤蝶属
别名：大红纹凤蝶、麝凤蝶、红裙凤蝶

多姿麝凤蝶属于中大型凤蝶，该蝶种躯体主体色彩为桃红色和黑色。后翅有一叶状尾突，内有一个红斑。后翅的外缘呈波浪状，翅面是灰黑色，外侧有红色波状纹，翅面中央通常有2个白斑。

分布区域：多姿麝凤蝶在国内分布于云南和台湾；在国外分布于巴基斯坦、印度、尼泊尔、不丹、缅甸、泰国、老挝和越南。

背部呈黑色

尾突呈叶状

后翅中央有较大的白斑

腹部呈红色，上有黑色小圆斑

后翅外缘呈波状

幼体特征：多姿麝凤蝶的幼虫以多种马兜铃属植物为食，幼虫外表红白相间，身上布满肉棘。

雌雄差异：多姿麝凤蝶的雄蝶内缘褶内有灰色毛，雌蝶背面的小红斑比雄蝶多1~2个。

生活习性：多姿麝凤蝶一般在日间活动，一年可发生多代，成虫飞翔缓慢，喜欢访花，一般以蛹期过冬，常年在野外活动。

栖息环境：多姿麝凤蝶栖息在森林边缘或附近开阔的环境中。

繁殖方式：多姿麝凤蝶属于完全变态昆虫，它们的繁殖会经历产卵、孵化、结蛹和羽化4个阶段。

| 翅展：11~14厘米 | 活动时间：白天 | 食物：花粉、花蜜、植物汁液等 |

第三章

灰蝶总科

灰蝶总科包括灰蝶科、蚬蝶科和喙蝶科，该总科蝴蝶一般体形较小，共同特点是雄蝶前足退化，雌蝶前足正常。该总科约有蝴蝶5 000种。灰蝶科的蝶翅具有翠绿、灰蓝、古铜、橙红等色，翅膀反面的花纹和色彩不同于翅膀正面。但蚬蝶科的翅膀正面一般和反面相同，休息时翅膀半展开，像蚬壳一样。喙蝶科后翅有肩脉，前翅的顶角向外缘突出，呈钩状。

琉璃小灰蝶

科属：灰蝶科、婀灰蝶属

琉璃小灰蝶外观接近台湾琉璃小灰蝶，翅膀表面为淡水青色。前后翅正面斑纹差异显著，翅膀腹面斑点比较细小，上翅亚外缘斑点排列为弧形。

分布区域： 琉璃小灰色蝶分布于欧洲、亚洲和北非。

幼体特征： 琉璃小灰蝶多寄生在苹果、李、鼠李、刺槐、醋栗、山楂、紫藤等植物上。老熟幼虫身体为黄绿至淡灰绿色，表面散生稀疏的灰白色毛刺。

雌雄差异： 琉璃小灰蝶雄蝶前后翅黑色外缘较窄，雌蝶黑色外缘很宽大。

生活习性： 琉璃小灰蝶习惯于在日间活动，成虫通常会出现在春夏两季，数量较多，喜欢访花，常见于溪水、湿地处。

翅膀表面为淡水青色

前翅外缘呈黑色

背部生有绒毛

栖息环境： 琉璃小灰蝶栖息在低、中海拔山区。

繁殖方式： 琉璃小灰蝶属于完全变态昆虫，它们的繁殖会经历产卵、孵化、结蛹和羽化 4 个阶段。

翅展：2 ~ 3 厘米	活动时间：白天	食物：花粉、花蜜、植物汁液等

亮灰蝶

科属：灰蝶科、亮灰蝶属
别名：曲纹灰蝶、曲斑灰蝶、波纹小灰蝶、长尾里波灰蝶

亮灰蝶的翅膀反面为灰白色，中部分布有 2 条波纹，后翅臀角处有 2 个黑色的斑点。

分布区域： 亮灰蝶在国内主要分布于陕西、云南、浙江、江西、福建；在国外分布于欧洲中南部、非洲北部、亚洲南部、南太平洋诸岛和澳大利亚。

幼体特征： 亮灰蝶的幼虫体色为

棕色，头部较小。幼虫一般以豆科植物的果荚和花朵为食物。

雌雄差异： 亮灰蝶的雄蝶翅面为紫褐色，前翅外缘呈褐色，后翅前缘和顶角处为暗灰色，有 2 个黑斑位于臀角处。雌蝶前翅基后半部和后翅基部为青蓝色，其余部分则为暗红色，后翅臀角处的 2 个黑斑比较清晰，外缘有淡褐色斑。

生活习性： 亮灰蝶习惯于在日间活动，成虫飞行能力十分强，它们喜欢在阳光充足和开阔的地方

雄蝶翅膀正面为紫褐色

前翅外缘呈褐色

臀角处有两个黑斑

后翅前缘为暗灰色

嬉戏玩耍。

栖息环境： 亮灰蝶喜欢栖息在较稀疏的林地里，也有部分可以栖息在稻田里。

翅展：2.2 ~ 3.6 厘米	活动时间：白天	食物：花蜜、腐烂果实、植物汁液等

曲纹紫灰蝶

科属：灰蝶科、紫灰蝶属
别名：苏铁绮灰蝶、苏铁小灰蝶

雄蝶翅膀正面为蓝灰白色
前翅外缘为灰黑色
触角呈棒状
后翅的黑斑

曲纹紫灰蝶属小型蝶种，触角呈棒状，翅膀正面以灰、褐、黑等色为主，有金属光泽，翅膀正面和反面的颜色和斑纹不同，翅膀反面的颜色丰富多彩，斑纹也是各种各样，曲纹紫灰蝶内侧带有白边，呈新月状的斑纹。翅基缀有3个

黑斑，尾部突起细长，端部为白色。

分布区域： 曲纹紫灰蝶分布于我国广东和台湾。

幼体特征： 曲纹紫灰蝶的幼虫身体为扁椭圆形，呈明黄色或偏棕色。寄主植物为苏铁属植物。

雌雄差异： 曲纹紫灰蝶雄蝶翅膀正面为蓝灰白色，外缘呈灰黑色；雌蝶翅膀正面为灰黑色，前翅外缘为黑色，亚外缘有2条明显的黑白色的带，后翅外缘有细的黑白色的边。

生活习性： 曲纹紫灰蝶在日间活动，该种在广州一年能够发生8～10代，第一代最早出现在3月下旬，其世代重叠严重。成虫喜欢访花，吸取花蜜。

栖息环境： 曲纹紫灰蝶栖息在苏铁上。

翅展：2.2～2.9厘米	活动时间：白天	食物：花粉、花蜜、植物汁液等

红灰蝶

科属：灰蝶科、灰蝶属
别名：铜灰蝶、黑斑红小灰蝶

前翅为橙红色
前翅分布有黑斑
黑褐色的后翅
后翅的红色带区

红灰蝶是可爱活泼的蝴蝶，其大小和其他灰蝶相似，均为小型蝶类。在每年3月会见到大量的红灰蝶。红灰蝶的前翅为橙红色，无规则地分布着黑斑，中室中部和端部各有一个黑色斑点，黑褐色的后翅有一条红色带区。

分布区域： 红灰蝶主要分布于中国、日本、朝鲜、韩国、美国。

幼体特征： 红灰蝶幼虫的寄主植物为何首乌、酸模等蓼科植物，以寄主植物的叶片和嫩芽为食物。

雌雄差异： 红灰蝶的雌雄差异为雄蝶后翅为均一的橙红色。

生活习性： 红灰蝶一般在日间活动，成虫产卵对植物是有所要求的，根据气温的不同，会选择在不同的植物上产卵。成虫喜欢访花，吸取花蜜。

栖息环境： 红灰蝶多栖息在丛林、草地。

繁殖方式： 红灰蝶属于完全变态昆虫，它们的一生会经历产卵、孵化、结蛹和羽化4个阶段。

趣味小课堂： 红灰蝶与橙灰蝶的区别主要是红灰蝶雄蝶的后翅为均一的橙红色，而橙灰蝶雄蝶的后翅和雌蝶基本相同。

翅展：约3.5厘米	活动时间：白天	食物：花蜜、植物汁液等

橙灰蝶

科属：灰蝶科、灰蝶属
别名：大陆红小灰蝶

　　橙灰蝶是分布于我国华北地区的美丽蝶种之一。它们的名字由其雄蝶的双翅上布满了艳丽的橙红色得来。

分布区域： 橙灰蝶在国内主要分布于北京、河北、陕西、河南、湖北、四川、新疆，部分分布于黑龙江、辽宁和内蒙古等地；在国外分布于欧洲地区。

幼体特征： 橙灰蝶的幼虫寄主为各种蓼科酸模属植物。一龄幼虫身体呈半透明状的白色，趴在寄主植物上，比较隐蔽。

雌雄差异： 橙灰蝶雌雄两性异型，雄蝶前翅翅面为橙色，顶角向边缘有窄的黑带，后翅基部和臀缘的黑色区域较宽。

中室内的 2 个黑斑

雌蝶前翅面为橙色

雌蝶

后翅为黑褐色

橙色的后翅
亚外缘

　　雌蝶前翅翅面为橙色，中室内缀有 2 个黑斑，前翅亚缘有一列整齐的黑点，后翅为黑褐色。雌蝶前翅反面为浅黄色，前缘、外缘均为灰色，亚缘有 2 列整齐的黑斑，中室基部、中部、端部各有一个黑点；后翅反面呈灰褐色，基部蓝灰色，除亚外缘线为橙色外，还有 3 列整齐的黑斑，内列顶角处 2 个黑斑排列不齐，基半部缀有 5 个黑斑。

亚缘有 2 列
整齐的黑斑

雌蝶反面前翅
为浅黄色

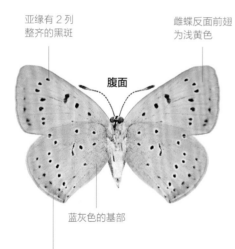

腹面

蓝灰色的基部

亚外缘线为橙色

顶角向边缘
的黑带较窄

雄蝶前翅为橙色

雄蝶

后翅臀缘的黑
色区域较宽

身体为黑色

黑色的后翅外缘

生活习性： 橙灰蝶在日间活动，成虫喜欢访花，喜欢在花间嬉戏玩耍。一年会发生 2 代，第一代通常是在 5 ~ 6 月，第二代通常是在 7 ~ 9 月。

栖息环境： 橙灰蝶常常栖息在中、低海拔地区。

繁殖方式： 橙灰蝶属于完全变态昆虫，它们的繁殖会经历产卵、孵化、结蛹和羽化 4 个阶段。

翅展：3.5 ~ 3.8 厘米　　　　活动时间：白天　　　　食物：花蜜、植物汁液等

银缘琉璃小灰蝶

科：灰蝶科
别名：豆灰蝶、豆小灰蝶、银蓝灰蝶

银缘琉璃小灰蝶属小型蝶种，其雄蝶翅面为紫色，前后翅边缘生有较长的银白色缘毛，故而得名。

分布区域：银缘琉璃小灰蝶在国内分布于黑龙江、吉林、辽宁、河北、山东、山西、河南、陕西、甘肃、青海、内蒙古、湖南、四川、新疆等地；在国外分布于整个欧洲，并跨越温带亚洲至日本。

雄蝶背部为紫黑色

翅膀呈青蓝色

雄蝶

后翅外缘有黑色线条

雌蝶翅膀反面为灰白色

雌蝶

后翅橙色的新月斑

亚外缘的黑色斑点

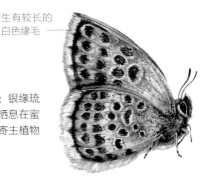

生有较长的白色缘毛

栖息环境：银缘琉璃小灰蝶栖息在蜜源植物和寄主植物叶片上。

幼体特征：银缘琉璃小灰蝶的幼虫寄主植物为大豆、豇豆、绿豆、紫云英等。幼虫咬食叶片下表皮和叶肉，严重时能把整个叶片吃光。幼虫有相互残杀的习性，共五龄，前三龄只以叶肉为食物。

雌雄差异：银缘琉璃小灰蝶雌雄异型。雄蝶背部为紫黑色，翅膀正面呈蓝紫色，有蓝色的光泽，生有较长的白色缘毛，前缘还有较多的白色鳞片。后翅有一列黑色圆点。雌蝶翅膀为棕褐色，前后翅亚外缘有黑色斑，中间镶有橙色的新月斑。翅膀反面为灰白色，前后翅均缀有3列黑斑，外列圆形斑和中列新月形斑相平行，中间夹有橙红色的条带，内列的圆形斑点排列错乱，后翅基部另有4个排成直线的黑点。

生活习性：银缘琉璃小灰蝶通常在日间活动，成虫喜欢访花。（它们习惯于在白天羽化和交配，成虫将卵产在斜茎黄芪等植物的叶片和叶柄上，该蝶种在河南一年可发生5代。）

防治方法：银缘琉璃小灰蝶的防治方法有4种，分别为：选用抗虫品种；秋冬季深翻灭蛹；幼虫孵化初期喷洒25%灭幼脲3号悬浮剂500～600倍液；百株有虫高于100头时喷洒20%氰戊菊酯乳油2 000倍液或10%吡虫啉可湿性粉剂2 500倍液和20%灭多威乳油1 500～2 000倍液。

| 翅展：2.5～3厘米 | 活动时间：白天 | 食物：花蜜、植物汁液等 |

淡灰琉璃小灰蝶

科：灰蝶科

淡灰琉璃小灰蝶有独特的毛皮状外观，翅脉和窄边缘为黑褐色。

分布区域： 淡灰琉璃小灰蝶分布于西班牙北部，也有部分分布于法国南部和意大利。

幼体特征： 淡灰琉璃小灰蝶的幼虫外观暂时无过多的描述，幼虫的寄主植物主要为苜蓿。

翅面灰棕色

翅脉和翅边缘为黑褐色

翅边缘生有缘毛

雌雄差异： 淡灰琉璃小灰蝶的雄蝶背面为银蓝色，前翅上有褐色的带香味的鳞片，这些鳞片组成了大的斑块，腹面是淡淡米黄色；雌蝶背面为褐色。

生活习性： 淡灰琉璃小灰蝶在日间活动。

栖息环境： 淡灰琉璃小灰蝶栖息在草地和山坡草丛中。

繁殖方式： 淡灰琉璃小灰蝶属于完全变态昆虫，它们的繁殖会经历产卵、孵化、结蛹和羽化4个阶段。

翅展：2.5 ~ 4 厘米	活动时间：白天	食物：植物汁液

黑星琉璃小灰蝶

科属：灰蝶科、霾灰蝶属

黑星琉璃小灰蝶属小型蝶种，其雌雄两性的翅膀均为蓝紫色，前翅上有数量较多的黑色斑点，后翅的黑斑较前翅小。翅边缘为黑色，呈波状。腹部细长，呈黑色。

分布区域： 黑星琉璃小灰蝶分布于欧洲，也有部分分布于西伯利

前翅多黑斑

翅面淡紫色

后翅边缘呈波状

翅边缘呈黑色

亚地区和中国。

幼体特征： 黑星琉璃小灰蝶的幼虫身体白色，习惯于先摄食百里香，再取食蚁卵和蚧蟖。

雌雄差异： 黑星琉璃小灰蝶雌雄差异在于雌蝶体形大于雄蝶，雌蝶翅膀边缘的黑色较宽。

生活习性： 黑星琉璃小灰蝶一般

在日间活动。

栖息环境： 黑星琉璃小灰蝶栖息于草丛中。

繁殖方式： 黑星琉璃小灰蝶属于完全变态昆虫，它们的繁殖包含卵、幼虫、蛹和成虫4个阶段。

翅展：3 ~ 4 厘米	活动时间：白天	食物：植物汁液和昆虫卵

酢浆灰蝶

科属：灰蝶科、酢浆灰蝶属
别名：冲绳小灰蝶

酢浆灰蝶的眼呈褐色，这在灰蝶中十分独特。其触角每节上都有白环。翅膀反面为灰褐色，有黑褐色具白边的斑点。无尾突。

分布区域： 酢浆灰蝶分布范围比较广，在国内分布于广东、浙江、湖北、江西、福建、海南、四川和台湾；在国外分布于朝鲜、韩国、巴基斯坦、日本、印度、尼泊尔、缅甸、泰国和马来西亚。

幼体特征： 酢浆灰蝶的幼虫分为绿色和褐色2种，背部中央有暗线，觅食后可以在土壤缝隙或石块下发现其身影。幼虫以酢浆草科、爵床科马蓝属植物为食，前期有少部分幼虫也取食蝶形花科灰叶属植物。

翅面呈蓝紫色

翅边缘呈黑色

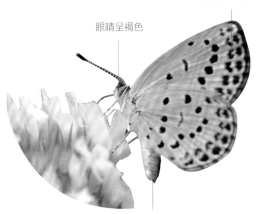

眼睛呈褐色

翅反面多黑斑

身体短粗、圆润

繁殖方式： 酢浆灰蝶属于完全变态昆虫，它们的繁殖会经历4个阶段，即产卵、孵化、结蛹和羽化。成虫通常会将卵产于黄花酢浆草背面。酢浆灰蝶如果在室内饲养，卵期可以达到3~4天，幼虫期22~26天，蛹期在6~7天。

趣味小课堂： 日本福岛核事故造成该种蝴蝶出现了遗传异常。一般来说，昆虫对低剂量放射的影响抵抗力较强，但酢浆灰蝶抵抗力较弱。

雌雄差异： 酢浆灰蝶的雌雄差异在于雌蝶背面底色是黑褐色，翅基部有蓝色亮鳞；雄蝶翅面为淡青色，外缘黑色区比较宽。

生活习性： 酢浆灰蝶一般在日间活动，成虫飞行高度比较低，全年可见，一年会发生5代，世代交替发生，一般每月中下旬为成虫的活动高峰期。

栖息环境： 酢浆灰蝶通常栖息在阳光充足的草地、树林边，在各种草本植物旁也可看见其身影。

翅展：2.2~3厘米　　　　活动时间：白天　　　　食物：花粉、花蜜、植物汁液等

长尾蓝灰蝶

科属：灰蝶科、蓝灰蝶属

长尾蓝灰蝶的翅膀背面为灰黑色，基部呈蓝紫色；腹面为白色，上有成列的灰色断斑。长尾蓝灰蝶有翅尾，且在后翅外缘有 2 个黑色圆斑，圆斑在背面和腹面均为黑色，且在腹面的圆斑围绕着黄色斑块。该蝶种的身体及翅基部覆毛。触角细长，黑色，有白色环节状花纹。

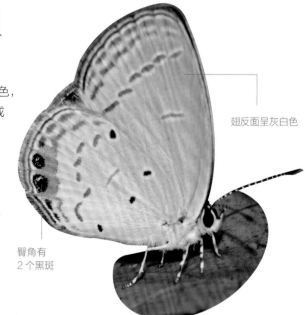

翅反面呈灰白色

臀角有
2 个黑斑

翅面基色为灰黑色，覆蓝紫色

分布区域：长尾蓝灰蝶在国内分布于陕西、云南、浙江、福建、江西、湖北、广西、广东、台湾和香港；在国外分布于印度、锡兰、巴布亚新几内亚和澳大利亚。

幼体特征：长尾蓝灰蝶的幼虫食用假地豆和显脉山绿豆。

雌雄差异：长尾蓝灰蝶的雌蝶和雄蝶异型，雌蝶呈暗灰色，蝶翅中央有蓝斑。雄蝶翅面蓝紫色区域较广。

生活习性：长尾蓝灰蝶一般在日间活动，它们人飞行速度缓慢，飞行高度低，几乎接近地面。成虫喜欢访花，吸食花蜜，它们喜欢白色或蓝色的花，不喜欢颜色艳丽的植物，喜欢聚集在一起吸地面上的水，进食时习惯于保持翅膀竖立。

栖息环境：长尾蓝灰蝶栖息在灌木丛和废弃的农田中。

繁殖方式：长尾蓝灰蝶属于完全变态昆虫，它们的繁殖会经历产卵、孵化、结蛹和羽化 4 个阶段。

| 翅展：2.5 厘米 | 活动时间：白天 | 食物：花粉、花蜜、湿地上的水 |

霓纱燕灰蝶

科属：灰蝶科、燕灰蝶属

　　霓纱燕灰蝶属于中型或中小型灰蝶。该蝶种的身体背侧为黑褐色，股侧胸部为浅褐色或灰色，腹部为黄白色或橙色。

分布区域： 霓纱燕灰蝶在国内分布于黑龙江、河北、河南、陕西、湖北、江西、浙江、广西、云南、台湾；在国外分布于马来西亚、泰国、印度。

幼体特征： 霓纱燕灰蝶的幼虫头小，常常将头缩在前胸下，足短，体表光滑。

前翅有一个橙红色斑块

前翅边缘为黑色

翅面中央为蓝紫色

身体短粗、多毛

翅反面为灰褐色

栖息环境： 霓纱燕灰蝶栖息在森林中，有时也能在田间农作物中发现它们的身影。

繁殖方式： 霓纱燕灰蝶属于完全变态昆虫，它们的繁殖会经历产卵、孵化、结蛹和羽化 4 个阶段。

雌雄差异： 霓纱燕灰蝶的雌雄异型，雌蝶的颜色比雄蝶的颜色略淡，雄蝶的颜色相对艳丽。

生活习性： 霓纱燕灰蝶一般在日间活动，成虫喜欢在阳光下飞翔嬉戏，飞行速度快，有时会看到成虫在溪面或地上吸水。

翅展：5.2 ～ 5.5 厘米　　　　活动时间：白天　　　　食物：花粉、花蜜、湿地上的水

燕灰蝶

科属：灰蝶科、燕灰蝶属
别名：垦丁小灰蝶

　　燕灰蝶属小型灰蝶。该蝶的身体呈黑褐色，覆绒毛。足部有黑白色斑纹。翅膀反面为灰褐色，前翅亚缘有白色细线，内外色彩分明。后翅中央有灰白色"Y"形宽带，亚缘有一条不明显的同色宽带。

前翅边缘为黑色 ———

臀角有黑斑，
边缘为橙红色

分布区域： 燕灰蝶主要分布于我国广东、广西、台湾、浙江和福建。

幼体特征： 燕灰蝶的幼虫头部比较小，足比较短，头部通常缩在前胸下面，取食时会伸出来。

雌雄差异： 燕灰蝶雌雄异型。雄蝶前翅平直，中室内有明显的大型橙红色斑，后翅有尾突，臀角的圆形突起，翅膀背面有"W"形线纹。雌蝶翅膀呈黄褐色，颜色暗淡，花纹不明显。

生活习性： 燕灰蝶一般在日间活动，成虫喜欢访花，吸食花蜜。

栖息环境： 燕灰蝶栖息在森林中，以树栖为主。

繁殖方式： 燕灰蝶属于完全变态昆虫，它们的繁殖会经历产卵、孵化、结蛹和羽化4个阶段。

翅展：3.5～3.8厘米	活动时间：白天	食物：花粉、花蜜、植物汁液等

中华云灰蝶

科属：灰蝶科、云灰蝶属

　　中华云灰蝶在秋冬季节比较常见。该蝶种翅膀以棕红色为主，翅膀上有数列黑、白斑点，旱季型斑纹颜色比较淡。

分布区域： 中华云灰蝶主要分布于我国广东、广西、四川和云南。

翅面呈红棕色

幼体特征： 中华云灰蝶的幼虫是肉食性的，它们会吃蚜虫及介壳虫，并且会与蚂蚁共生。

雌雄差异： 中华云灰蝶雌蝶的体形比雄蝶大，雄蝶的翅膀颜色比雌蝶翅膀颜色鲜艳。

生活习性： 中华云灰蝶一般在日间活动。成虫飞行速度快，喜欢停留在植物上享受日光浴或守护自己的地盘。它们在受到骚扰时会作短距离飞行。该蝶种属活泼好动的类型。

栖息环境： 中华云灰蝶主要栖息在灌木丛中。

繁殖方式： 中华云灰蝶属于完全变态昆虫，它们的繁殖包含卵、幼虫、蛹和成虫4个时期。

翅展：3.5～4厘米	活动时间：白天	食物：花粉、花蜜、植物汁液等

虎灰蝶

科属：灰蝶科、虎灰蝶属

翅膀上有虎斑花纹　　身体具斑纹

臀角为橙黄色

虎灰蝶属于小型蝶，具有极为丰富的物种多样性，占全部蝶类的 30% ～ 40%。其翅膀能隐约透视反面的斑纹，翅膀反面为白色，斑带为黑褐色，前翅从外缘至外中域有 3 列斑纹。

分布区域： 虎灰蝶主要分布于我国江西。

幼体特征： 虎灰蝶的幼虫属于食肉性，头部较小，平常缩在前胸下，取食时会伸出来。

雌雄差异： 虎灰蝶雌雄异型，雄蝶翅正面为蓝紫色，雌蝶为褐色。

生活习性： 虎灰蝶一般在日间活动，该蝶种一年可发生一代，成虫在 5 月可见，其分布具有很强的地域性，并且对周围的反应很灵敏。

栖息环境： 虎灰蝶栖息在灌木丛中。

繁殖方式： 虎灰蝶属于完全变态昆虫，它们的繁殖需要经历产卵、孵化、结蛹和羽化 4 个阶段。

趣味小课堂： 在近年陆地生物多样性保护中，灰蝶被作为生态环境监测的一项重要指标。虎灰蝶每年都有新的物种被发现，因此对于它们的研究目前还不太完善。

翅展：1.8 ～ 2.5 厘米	活动时间：白天	食物：花粉、花蜜、植物汁液等

毛眼灰蝶

科属：灰蝶科、毛眼灰蝶属

毛眼灰蝶身体上布满鳞片和毛，翅膀为鳞翅，前翅的体积大于后翅，复眼发达。

分布区域： 毛眼灰蝶主要分布于我国广东。

幼体特征： 毛眼灰蝶的幼虫是蠕虫状，有 3 对胸足，腹足和尾足不超过 5 对。幼虫体上生有刚毛。

身体覆毛　　翅面呈灰白色

翅膀布满鳞片

雌雄差异： 毛眼灰蝶的雌蝶和雄蝶异型，雌蝶的体形比雄蝶的体形大。

生活习性： 毛眼灰蝶一般在日间活动。成虫飞行速度快，喜欢访花，吸食花蜜。也经常可见其在湿地上吸水。

栖息环境： 毛眼灰蝶栖息于灌木丛中，以树栖为主。

繁殖方式： 毛眼灰蝶属于完全变态昆虫，它们的繁殖会经历产卵、孵化、结蛹和羽化 4 个阶段。

活动时间：白天	食物：花粉、花蜜、植物汁液等

钮灰蝶

科属：灰蝶科、钮灰蝶属

翅面呈蓝紫色

翅边缘呈黑色

翅反面呈灰褐色

身体细长

钮灰蝶的翅膀底部为白色，翅膀边缘以及中央有灰黑色的斑点。旱季型的斑纹比较淡。

分布区域： 钮灰蝶分布于我国华中、华南、西南地区，也分布于国外的印度、斯里兰卡、新几内亚和澳大利亚。

幼体特征： 钮灰蝶的幼虫以含羞

草科、大戟科等植物的花、果及嫩叶为食。

雌雄差异： 钮灰蝶雌雄异型。雄蝶翅面为金属蓝紫色，中央有少许的白斑，翅缘为黑色。雌蝶翅面中央为白色，翅缘黑斑比较多。

生活习性： 钮灰蝶一般在日间活动，全年可见。成虫飞行速度不是特别快，有时候也会看见它们成群在湿地上吸水。成虫有登峰习性。

栖息环境： 钮灰蝶栖息在林缘地带。

繁殖方式： 钮灰蝶属于完全变态昆虫，它们的繁殖会经历产卵、孵化、结蛹和羽化 4 个阶段。

翅展：3 厘米	活动时间：白天	食物：花蜜、花粉、植物汁液等

点玄灰蝶

科属：灰蝶科、玄灰蝶属
别名：密点玄灰蝶、雾社黑燕小灰蝶

具黑色外缘线

翅反面呈灰色

黑色斑点

点玄灰蝶是我国目前最小的蝴蝶种类。点玄灰蝶的翅膀正面为黑褐色，后翅外缘有一列蓝斑，还有一条短细尾突。翅膀反面为灰白色，前翅反面外缘线为黑色，前翅反面有 2 个黑色的斑点。

分布区域： 点玄灰蝶主要分布于我国的广东、广西、台湾。

幼体特征： 点玄灰蝶的幼虫孵化出来后，会潜伏在叶子的叶肉中取食。幼虫的寄主为景天科植物。

雌雄差异： 点玄灰蝶的雌蝶和雄蝶同型，它们的正面底色都是黑色。

生活习性： 点玄灰蝶一般在日间活动，一年可发生数代，在蛹期时过冬。它们喜欢在阳光下飞行。成虫喜欢访花，也会在湿地上群体吸水。

栖息环境： 点玄灰蝶栖息在森林

中，以树栖为主。

繁殖方式： 点玄灰蝶属于完全变态昆虫，它们的繁殖会经历产卵、孵化、结蛹和羽化 4 个阶段。

趣味小课堂： 点玄灰蝶对于丰富我国的蝴蝶资源、增强对蝴蝶生物多样性的认识有重要的科学价值。

翅展：1.2 ～ 1.7 厘米	活动时间：白天	食物：花粉、花蜜、植物汁液等

棕灰蝶

科属：灰蝶科、棕灰蝶属
别名：奇波灰蝶、白尾小灰蝶

棕灰蝶的体长在1厘米左右，属于小型灰蝶。该蝶种翅膀的腹面为浅黄色，上面有一条细的外缘线，前翅边缘以及后中域各生一条棕色斑状线，这2条线基本是平行的，后翅的前部有2个黑色的点。

分布区域：棕灰蝶在国内主要分布于江苏、四川、广东、台湾；在国外主要分布于印度。

臀角具橙黄色斑块，内嵌黑斑

翅反面具链状斑纹

翅边缘呈黑褐色

雄蝶

身体粗长，覆毛

幼体特征：棕灰蝶的幼虫为浅绿色，有深褐色背线和亚背线，后者常与臀角的宽带相接。幼虫危害豆角、扁豆等植物。

雌雄差异：棕灰蝶雌雄异型。雄蝶体背面褐色至青紫色，腹面为灰白色；雌蝶体背面颜色比较深，翅表为苍褐色，后翅臀角处的斑比雄蝶大，也更清晰。

生活习性：棕灰蝶一般在日间活动，一年可发生多代，在广西夏天和秋天都可以看见其身影。成虫喜欢在开阔的林地飞翔嬉戏，有时它们也喜欢在低洼处吸水，喜欢访花，吸食花蜜。

栖息环境：棕灰蝶栖息在树木茂盛的灌木丛中。

繁殖方式：棕灰蝶属于完全变态昆虫，它们的繁殖会经历产卵、孵化、结蛹和羽化4个阶段。

雌蝶

臀角处的斑比雄蝶鲜艳

翅展：2.5～3厘米　　　　活动时间：白天　　　　食物：花粉、花蜜、植物汁液等

黑点淡黄蝶

科属：粉蝶科、迁粉蝶属

　　黑点淡黄蝶是较常见的蝴蝶，其翅膀呈明黄色，身体覆盖一层黄色的绒毛。翅边缘为黑色，前翅中央各有一个黑色斑点。

分布区域：黑点淡黄蝶遍及非洲和加那利群岛地区，向东穿过印度至马来西亚和中国。

幼体特征：黑点淡黄蝶的幼虫至为绿黄色的肉虫，身体上缀有一些小黑点，以山扁豆属植物为食。

前翅中央具黑色斑纹

雌蝶

翅面呈黄色

栖息环境：黑点淡黄蝶栖息在热带地区，常见于草原地带、林缘地带。

繁殖方式：黑点淡黄蝶属于完全变态昆虫，它们的繁殖会经历产卵、孵化、结蛹和羽化4个阶段。

雌雄差异：黑点淡黄蝶雌雄异型。雄蝶的翅膀为白色稍带黄绿色调，前翅中央有一个小的黑色斑纹。雌蝶顶角的黑色稍浅。此外，也可以发现浅色的雌蝶，其中部分几乎是白色的。

生活习性：黑点淡黄蝶一般在日间活动，成虫喜欢访花，吸取花蜜，飞行动作敏捷。

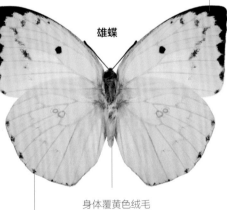

前翅边缘呈黑色

雄蝶

身体覆黄色绒毛

翅边缘的黑褐色斑点

| 翅展：5～7厘米 | 活动时间：白天 | 食物：花粉、花蜜、植物汁液等 |

蚜灰蝶

科属：灰蝶科、蚜灰蝶属
别名：棋石灰蝶

　　蚜灰蝶的体形比较小，翅膀正面为黑褐色，没有斑纹，缘毛黑白相间。翅膀反面为白色，前后翅上有 20 多个黑斑，翅膀中间的黑斑体积比较大，并且排成不规则的纵列。

分布区域： 蚜灰蝶在国内主要分布于广东和台湾；在国外分布于东南亚。

幼体特征： 蚜灰蝶的幼虫以蚜虫为主要食物。

雌雄差异： 蚜灰蝶雌雄异型，雌蝶前翅顶角圆，而雄蝶前翅顶角比较尖。

翅膀反面底色为白色

黑斑

眼睛大

身体短粗

生活习性： 蚜灰蝶一般在日间活动，是比较特殊的肉食性蝴蝶，一年可发生多代。

栖息环境： 蚜灰蝶栖息在中低海拔地区。

繁殖方式： 蚜灰蝶属于完全变态昆虫，它们的一生包含卵、幼虫、蛹和成虫 4 个时期。

翅边缘有黑色条纹

翅展：2.2～2.6 厘米　　　　活动时间：白天　　　　食物：蚜虫以及其分泌物

蛾

蛾与蝴蝶相似，全世界有 150 000 多种，大约是蝴蝶种类的 9 倍。蛾的身体肥大，静止时翅膀左右平放。由于它们的嗅觉和听觉比较良好，因此可以适应夜间的生活，有趋光性。蛾类的适应力极强，除两极外在世界各地均有分布，生活周期分为卵、幼虫、蛹和成虫 4 期。大部分蛾类的幼虫和成虫以植物及其汁液为食物，部分还会吸食花蜜和血液。

蝴蝶与蛾的区别

在日常生活中，我们经常会把蝴蝶与蛾混淆，它们都属于鳞翅目，但分属于不同的科属。蝴蝶与蛾有着明显的区别，主要表现在以下几个方面。

第一，触角不同。蝴蝶拥有顶端膨大的棒状触角；而蛾的触角顶端呈丝状弯曲或整个触角呈羽毛状。

棒状的触角，顶端膨大　　　　　　　　丝状的触角　　　　　　　　　羽毛状的触角

第二，颜色不同。蝴蝶一般色泽艳丽；而蛾大多为棕色或黑色。

色泽艳丽的蝴蝶　　　　　　　　以棕色居多的蛾

第三，休息方式不同。蝴蝶多采取四翅合拢竖立在背上休息的方式；而蛾的典型休息方式为四翅叠合覆盖在背上，呈屋脊状。

蝴蝶四翅合拢，竖立在背上　　　　　　蛾的四翅叠合，覆盖在背上，呈屋脊状

第四，躯干被毛不同。蝴蝶的躯干毛较稀疏；而蛾的躯干毛较浓密。

蝴蝶的躯干毛稀疏　　　　　　　　　　　　蛾的躯干毛浓密

第五，后翅的根部不同。蝴蝶的后翅根部为弧形，没有翅缰；而蛾的后翅根部是平滑的，弧度较小。

蝴蝶后翅根部为弧形　　　　　　　　　　　蛾的后翅根部弧度较小

第六，蛹不同。蝴蝶的蛹赤裸，没有茧；而蛾的蛹有茧。

蝴蝶的蛹没有茧　　　　　　　　　　　　蛾的蛹外面有茧

第七，活动时间不同。除了部分产自南美的丝角蝶，大部分蝴蝶的活动时间都在白天；而大部分蛾的活动时间在夜晚。

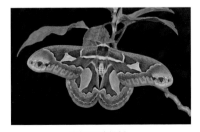

白天活动的蝴蝶　　　　　　　　　　　　夜间活动的蛾

樗蚕蛾

科属：大蚕蛾科、蓖麻蚕蛾属
别名：乌桕樗蚕蛾

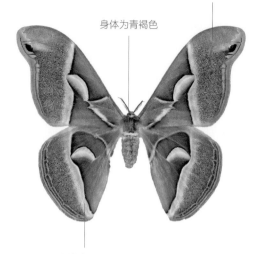

前翅顶角圆而突出

身体为青褐色

宽带中间为粉红色

　　樗蚕蛾的身体为青褐色，前翅为褐色，顶角后缘为钝钩状，顶角圆而突出，粉紫色，有一道黑色的眼状斑。前翅和后翅中央各有一个较大的斑，呈新月形。新月形斑上缘为深褐色，下缘为土黄色，外侧有一条宽带纵贯全翅，宽带中间为粉红色，外侧白色，内侧为深褐色，宽带边缘有一条白色的曲纹。

分布区域：樗蚕蛾分布于我国辽宁、北京、河北、山东、安徽、江苏、上海、浙江、江西、福建、台湾、广东、海南、广西、湖南、湖北、贵州、四川和云南。

幼体特征：樗蚕蛾的幼虫寄主植物为核桃、石榴、柑橘、银杏、槐、柳等，并以寄主植物的叶片和嫩芽为食物，能把叶片吃出缺刻或孔洞，严重时会把叶片吃光。幼龄幼虫为淡黄色，有黑色的斑点。中龄后全体覆盖白粉，呈青绿色。老熟幼虫身体粗大，有蓝绿色棘状的突起。

生活习性：樗蚕蛾跟大部分蝴蝶不一样，它们是在夜晚活动的，成虫有趋光性，远距离飞行的能力非常强，飞行速度快，飞行距离可达到 3 000 米。

栖息环境：樗蚕蛾栖息在柑橘、石榴等枝条密集的树丛中。

繁殖方式：樗蚕蛾的成长史有 4 个时期，即卵、幼虫、蛹和成虫，因此樗蚕蛾的繁殖会经历产卵、孵化、结蛹和羽化 4 个阶段。

防治方法：樗蚕蛾的防治方法主要有人工捕捉、灯光诱杀、药剂防治和生物防治 4 种。

钝钩状的顶角后缘

褐色的前翅

黑色的眼状斑

纵贯全翅的宽带

后翅中央的新月形斑

宽带内侧为深褐色

翅展：11 ~ 13 厘米　　　　活动时间：夜晚　　　　食物：花蜜、腐烂的果实、植物汁液等

乌桕大蚕蛾

科：大蚕蛾科
别名：皇蛾、阿特拉斯蛾、蛇头蛾、霸王蛾

　　乌桕大蚕蛾是世界上最大的蛾类，数量稀少，极为珍贵。其翅面为红褐色，前后翅的中央分别有一个透明区域，呈三角形，周围环绕有黑色的带纹。前翅顶角向外突伸，呈鲜艳的黄色，酷似蛇头；上缘有一个黑色圆斑，如蛇眼一般，前后翅的内线和外线均为白色。后翅的内侧为棕黑色，外缘为黄褐色，且有呈波状的黑色细线，其内侧有黄褐色的斑点，中间有赤褐色的点。

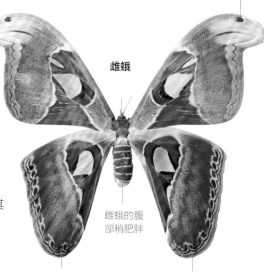

黑色圆斑如蛇眼一般

雌蛾

雌蛾的腹部稍肥胖

翅面为红褐色

波状的黑色细线

雄蛾的触角呈羽状

雄蛾

黄褐色的后翅外缘

黄色的顶角向外突伸，酷似蛇头

后翅的内侧为棕黑色

趣味小课堂：由于环境被破坏，乌桕大蚕蛾的数量在急剧减少，所以现在需要通过人工繁殖然后放归自然的方式来增加该蛾的种群数量，从而达到保护的目的。

前翅中央的三角形透明区域

前翅白色的内线

三角形区域外围黑色的带纹

分布区域：乌桕大蚕蛾主要分布于我国浙江、江西、福建、广东、广西、湖南、台湾、云南；泰国、马来西亚、印度、缅甸和印度尼西亚等国也有分布。

雌雄差异：乌桕大蚕蛾雄蛾的触角呈羽状，而雌蝶的翅膀形状较为宽圆，腹部较肥胖。

生活习性：乌桕大蚕蛾在夜晚活动，在江西和福建每年会发生2代，成虫会在4、5月及7、8月间出现，将卵产于主干、枝条和叶片上。成虫无法进食，它们仅仅靠幼虫时代在体内剩余的脂肪维持生命，一般在1～2周后便会死去。

栖息环境：乌桕大蚕蛾主要栖息在亚洲干燥的热带森林，也有部分栖息在次生林和灌木丛中。

翅展：18～21厘米	活动时间：夜晚	食物：口器脱落，不能进食

绿尾大蚕蛾

科属：大蚕蛾科、尾蚕蛾属
别名：绿尾天蚕蛾、月神蛾、燕尾蛾、水青蛾、绿翅天蚕蛾

绿尾大蚕蝶是一种中大型蛾类，是长尾水青蛾的亚种之一。绿尾大蚕蛾的身体粗大，上有白色的絮状鳞毛，触角黄褐色，羽状。其翅膀呈淡青绿色，基部有白色的絮状鳞毛，灰黄色的翅脉明显，缘毛为浅黄色。前翅前缘有一条纵带和胸部的紫色横带相连。后翅的臀角呈长尾状，后翅尾角边缘有浅黄色的鳞毛，前后翅的中部中室端分别有一个椭圆形的眼状斑。

身体被有白色的絮状鳞毛

灰黄色的翅脉

翅膀呈淡青绿色

中室端的椭圆形眼状斑

后翅的臀角呈长尾状

分布区域：绿尾大蚕蛾主要分布于亚洲，在我国分布广泛，河北、河南、江南、江西、浙江、湖南、湖北、安徽、广西、四川、台湾等地都有。

幼体特征：绿尾大蚕蛾幼虫身体粗壮，呈黄绿色，体节近六角形，生有肉突状的毛瘤，瘤上有白色的刚毛以及褐的短刺。幼虫以杜仲、果树等寄主植物的叶片和嫩芽为食物。

生活习性：绿尾大蚕蛾的寄主植物有柳树、枫杨、栗、乌桕、木槿、樱桃、苹果、胡桃、樟树、赤杨和鸭脚木等植物。它们一般在夜晚活动。

翅展：10～13厘米	活动时间：夜晚	食物：口器已退化，无法进食

银杏大蚕蛾

科属：大蚕蛾科、胡桃大蚕蛾属

银杏大蚕蛾的身体为灰褐色或紫褐色，前翅内横线为紫褐色，外横线则为暗褐色，中间有一个三角形的浅色区，中室端部有透明的斑，呈月牙形。后翅从基部到外横线之间有较宽的红色区，亚缘线区为橙黄色，缘线为灰黄色，中室端部有一个较大的眼状斑，后翅臀角处有一个月牙形斑。

分布区域：银杏大蚕蛾主要分布于我国东北、华北、华东、华中、华南、西南地区。

幼体特征：银杏大蚕蛾的幼虫寄主植物为银杏、苹果、梨、柿等。幼虫以寄主植物的叶片为食物，在5～6月进入为害盛期，能把叶片吃光。

雌雄差异：银杏大蚕蛾雌蛾触角呈栉齿状，雄蛾的触角呈羽状。

生活习性：银杏大蚕蛾通常每年可产生1～2代，以卵越冬。成虫一般会在夜晚活动。

栖息环境：银杏大蚕蛾栖息在枝干的中下部和叶片上。

前翅中间的三角形浅色区

雄蛾的羽状触角

后翅中室的眼状斑

身体为灰褐色或紫褐色

防治方法：银杏大蚕蛾的防治方法有人工防治、灯光诱杀、生物防治和化学防治4种方法。

翅展：9～15厘米	活动时间：夜晚	食物：花蜜、腐烂的果实、植物汁液等

北美长尾水青蛾

科属：天蚕蛾科、长尾水青蛾属

近前缘的眼状纹

北美长尾水青蛾是一种美丽而壮观的独特蛾类，有比较丰满的毛皮状躯体，前翅前缘为黑褐色，有一个较为清晰的眼状纹，前后翅边缘均有红色的边，后翅中部有一个眼状纹，尾状突起较长，突起的内缘为淡黄色，突起的颜色从黄绿色到淡蓝绿色不一，由于地区和季节而存在差异。

分布区域： 北美长尾水青蛾主要分布于美国，部分分布于墨西哥。

幼体特征： 北美长尾水青蛾的幼虫身体肥胖，呈绿色，上面有深粉红色的凸斑。幼虫以寄主植物桦木、赤杨等阔叶树的叶片和嫩芽为食物。

雌雄差异： 北美长尾水青蛾雌雄两性相似，但雄蛾的羽毛状触角更加粗壮。

后翅中部的眼状纹

尾状突起较长

生活习性： 北美长尾水青蝶一般在夜晚活动，主要以枫香、松树等植物为栖息场所。

翅展：7.5 ~ 10.8 厘米	活动时间：夜晚	食物：口器已退化，不能进食

黄斑天蚕蛾

科属：天蚕蛾科、天蚕蛾属
别名：胡桃黄蛾

前翅呈灰色

淡黄色的卵形斑

黄斑天蚕蛾躯体有淡黄色的条纹，胸部有鞍形的斑点。前翅呈灰色，有深橙色的脉纹和淡黄色的卵形斑。后翅为橙褐色，有不规则的淡黄色斑，脉纹较暗。

分布区域： 黄斑天蚕蛾分布于美国东南部。

幼体特征： 黄斑天蚕蛾的幼虫身体呈绿色，比较引人注意，头部后面着生着一组大的分枝角。幼虫以山核桃和胡桃等寄主植物的叶片为食物，取食的树木广泛，被认为是山核桃的"长角魔王"。

后翅为橙褐色

躯体有淡黄色的条纹

雌雄差异： 黄斑天蚕蛾的雌雄两性基本相似，只是雌蛾比雄蛾体形稍大。

生活习性： 黄斑天蚕蛾都是在夜晚活动，成虫喜欢访花。

栖息环境： 黄斑天蚕蛾栖息在植物的叶片和枝干上。

繁殖方式： 黄斑天蚕蛾属于完全变态昆虫，它们的繁殖会经历产卵、孵化、结蛹和羽化 4 个阶段。

翅展：9.5 ~ 16 厘米	活动时间：夜晚	食物：花蜜、腐烂的果实、植物汁液等

尖翅天蚕蛾

科属：天蚕蛾科、天蚕蛾属

尖翅天蚕蛾的体形较大，躯体较肥胖，翅膀呈黄色，比较容易识别。前翅前缘为紫褐色，前翅和后翅上面均分布有粉褐色至紫褐色的斑点、色带和碎斑，前后翅中部各有一个褐色的小眼纹，后翅有一条波纹状的褐色条带，将后翅分成2个部分，其色彩和造型各不相同。

分布区域： 尖翅天蚕蛾分布于加拿大南部到美国东南部一带。

幼体特征： 尖翅天蚕蛾的幼虫多毛，呈绿色或褐色，背上有黄色

或红褐色的肉质短须。幼虫以各种寄主植物的叶片为食物。

雌雄差异： 尖翅天蚕蛾雌蛾的体形比雄蛾的体形大。

生活习性： 尖翅天蚕蛾通常在夜晚活动，成虫喜欢访花，吸取花蜜。

栖息环境： 尖翅天蚕蛾栖息潮湿且枝叶茂密的林地里。

繁殖方式： 尖翅天蚕蛾属于完全变态昆虫，它们的繁殖会经历产卵、孵化、结蛹和羽化4个阶段。

前翅前缘为紫褐色　　前翅中部的褐色小眼纹

翅膀呈黄色

后翅波纹状的褐色条带

前翅后缘较宽的紫褐色带

| 翅展：8 ~ 17.5 厘米 | 活动时间：夜晚 | 食物：花蜜、腐烂的果实、植物汁液等 |

圆翅天蚕蛾

科属：天蚕蛾科、天蚕蛾属

圆翅天蚕蛾的躯体短粗肥胖，呈褐色，触角细长。翅膀以黑褐色为主，前翅外缘分布有较宽的白色带，顶角处各有一个黑色眼斑，基部颜色较深，呈深黑褐色，前翅基部靠近头胸处为浅褐色。后翅外缘为白色，近外缘有一列棕色的斑点。

分布区域： 圆翅天蚕蛾分布于加拿大南部至墨西哥一带。

幼体特征： 圆翅天蚕蛾的幼虫身体为绿色，背部有黄色的突起。幼虫以阔叶树和灌木的叶片为食物。

雌雄差异： 圆翅天蚕蛾雌蛾的体形比雄蛾的体形大。

生活习性： 圆翅天蚕蛾的活动时间较多，有的在白天活动，有的则在夜晚活动。成虫喜欢访花，通过吸取花蜜补充营养。

栖息环境： 圆翅天蚕蛾栖息在潮湿的枝叶茂密的林地里。

繁殖方式： 圆翅天蚕蛾属于完全变态昆虫，它们的繁殖会经历4个阶段，即产卵、孵化、结蛹和羽化。

翅膀以黑褐色为主

黑色的眼纹

后翅中间的淡色斑点

后翅近外缘的斑点列

| 翅展：11 ~ 15 厘米 | 活动时间：白天、夜晚 | 食物：花蜜、腐烂的果实、植物汁液等 |

北美天蚕蛾

科属：天蚕蛾科、天蚕蛾属

北美天蚕蛾翅膀图案明显，易辨认。其红色的躯体上分布有独特的白色带，头部后面有白色的颈圈。翅膀多为深褐色，前翅中部有白色粉红色带，翅端有较小的红色斑，顶角有一道白色的锯齿状斑纹，斑纹下方有一个黑色的眼纹。

眼纹下方有黑色的斑点，后翅中部有一个月牙形的淡色斑纹。

分布区域：北美天蚕蛾主要分布于加拿大南部至墨西哥一带。

幼体特征：北美天蚕蛾的幼虫身体为绿色，沿背部有鲜黄色的棒形隆起。幼虫以阔叶树和灌木的叶片为食物。

雌雄差异：北美天蚕蛾雌蛾的体形比雄蛾的体形大。

生活习性：北美天蚕蛾在日间和黑夜都是能看见它们活动的身影，

雄蛾 — 头部后面有白色颈圈 — 黑色的眼纹

红色躯体上有白色带

成虫喜欢访花。

繁殖方式：北美天蚕蛾属于完全变态昆虫，它们的繁殖会经历产卵、孵化、结蛹和羽化 4 个阶段。

| 翅展：11～15 厘米 | 活动时间：白天、夜晚 | 食物：花蜜、腐烂的果实、植物汁液等 |

白星橙天蚕蛾

科属：天蚕蛾科、天蚕蛾属

白星橙天蚕蛾前翅前缘为白色，上面缀有黑色的细斑点，前缘有一个白色的小三角斑，翅外缘呈淡黄色。后翅眼纹较大，周围是浓黑色的圈。其雌雄两性的翅膀均为偏淡灰的米黄色，腹部有红褐色的毛。

分布区域：白星橙天蚕蛾主要分布于澳大利亚北部至昆士兰地区，还有部分分布于维多利亚地区和新西兰。

幼体特征：白星橙天蚕蛾幼虫身体呈绿色，长有较尖的橙色和红色肉赘，两侧有黄白色条纹，色

前翅前缘为白色 — 白色的小三角斑

翅外缘呈淡黄色 — 后翅的大眼纹

彩较为鲜明，以桉树、胡椒木、银桦等树木的叶子为食物。幼虫能够在其经常进食的桉树嫩叶上进行伪装。

生活习性：白星橙天蚕蛾在夜晚活动，日间休息，成虫喜欢访花。

繁殖方式：白星橙天蚕蛾属于完全变态昆虫，它们的繁殖会经历产卵、孵化、结蛹和羽化 4 个阶段。

| 翅展：8～13 厘米 | 活动时间：夜晚 | 食物：花蜜、腐烂的果实、植物汁液等 |

黑带红天蛾

科：天蛾科

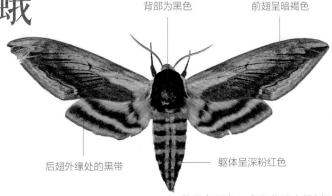

背部为黑色

前翅呈暗褐色

后翅外缘处的黑带

躯体呈深粉红色

黑带红天蛾的触角为白色，胸部外侧有白色的边，背部为黑色，躯体呈深粉红色，横向有数条黑色的带，纵向有一条中心色带，呈淡褐色。前翅呈暗褐色，衬有淡灰褐色的晕渲和黑色的细条纹，翅外缘颜色较淡。后翅呈微暗的淡粉

红色，基部、中部和外缘处有3条黑色带。

分布区域：黑带红天蛾的分布遍及欧洲，也有部分分布于亚洲温带地区。

幼体特征：黑带红天蛾的幼虫丰满，身体呈鲜黄色，沿两侧有一列醒目的斜向紫条纹，还有带刺

的黑色尾角，多以普通水蜡树和丁香的叶片为食物。

雌雄差异：黑带红天蛾的雌雄两性相似。

生活习性：黑带红天蛾在夜间活动，成虫喜欢访花。

繁殖方式：黑带红天蛾属于完全变态昆虫，它们的繁殖会经历产卵、孵化、结蛹和羽化4个阶段。

| 翅展：8～11厘米 | 活动时间：夜晚 | 食物：花蜜、腐烂的果实、植物汁液等 |

珍珠天蚕蛾

科：天蚕蛾科
别名：蓖麻蚕蛾

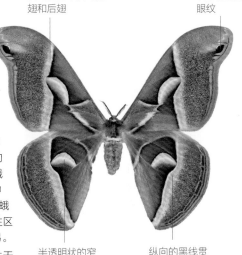

淡色的宽带横跨前翅和后翅

端部黑色的眼纹

半透明状的窄月牙形斑

纵向的黑线贯穿全翅

珍珠天蚕蛾属大型蛾类，胸部呈毛状，有白色的斑点。翅膀底色从土黄褐色至橄榄绿色或橙褐色不等，有淡色的宽带横跨前翅和后翅，各翅中央均有一个半透明状的窄月牙形斑。前翅端部有一个黑色的眼纹，有纵向的黑线贯穿全翅。

分布区域：珍珠天蚕蛾主要分布于亚洲，部分分布于北美以及欧洲部分。

幼体特征：珍珠天蚕蛾的幼虫长有蓝绿色的肉棘，身体覆盖着白色的粉末。幼虫以臭椿树叶、水

蜡树以及丁香树叶为食物。

雌雄差异：珍珠天蚕蛾雄蛾的触角羽毛比雌蛾更丰满，前翅伸出的部分比雌蛾更长，雌雄两性区分起来比较容易。

生活习性：珍珠天蚕蛾通常在夜间活动，成虫喜欢访花。

栖息环境：珍珠天蚕蛾栖息在树叶茂盛且环境比较潮湿的地方。

繁殖方式：珍珠天蚕蛾属于完全变态昆虫，它们的一生包含卵、幼虫、蛹和成虫4个时期。

| 翅展：9～24厘米 | 活动时间：夜晚 | 食物：花蜜、腐烂的果实、植物汁液等 |

柞蚕蛾

科属：大蚕蛾科、柞蚕蛾属
别名：春蚕、槲蚕、山蚕

柞蚕蛾全身长有鳞毛，体翅为黄褐色，肩板和前胸的前缘呈紫褐色。前后翅均有一对膜质的眼状斑，斑纹周围有黑、红、蓝、白等色的线条轮廓，后翅眼纹周围的黑线较明显。前翅前缘呈褐色，杂有白色的鳞毛，前翅顶角向外凸出，较尖。前后翅的内线均呈白色，外侧为紫褐色，外线为黄褐色，亚端线则为紫褐色。

黄褐色的翅膀

身体呈黄褐色

全身长有鳞毛

顶角向外凸出

前翅前缘呈褐色，杂有白色的鳞毛

后翅眼纹周围的黑线较明显

后翅具膜质的眼状斑

生活习性：柞蚕蛾在夜间活动，它们的寄主植物为柞树、栎、胡桃、樟树、山楂、柏、青岗树、枫杨和蒿柳等。成虫喜欢访花。柞蚕蛾的取食时间在日出后渐长，日落后渐短。它们喜欢在叶阴处取食。柞蚕蛾具有趋光性、趋温性、趋湿性、趋化性和向上性。

栖息环境：柞蚕蛾栖息在树林和草丛里。

繁殖方式：柞蚕蛾的繁殖会经历产卵、孵化、结蛹和羽化4个阶段。

趣味小课堂：柞蚕蛾的虫体可以入药，柞蚕茧产丝量很大。是我国特有的一种具有重要经济价值的昆虫资源。

分布区域：柞蚕蛾在国内分主要布于辽宁、河南、山东；在国外主要分布于朝鲜、韩国、俄罗斯、乌克兰、日本和印度。

幼体特征：柞蚕蛾的幼虫初孵化的蚁蚕喜欢吃掉卵壳，一至三龄的小蚕喜欢吃嫩柞叶，四至五龄的大蚕喜欢吃熟的柞叶。蚁蚕身体呈黑色，头部为红褐色，有青黄蚕、杏黄蚕和白蚕等类型。

雌雄差异：柞蚕蛾的雌雄两性外形相似，雌蛾体形稍大，雄蛾翅膀的色彩则比较鲜艳，雌蛾触角窄，腹部末端开口处是椭圆形。

翅展：14～16厘米　　　　活动时间：夜晚　　　　食物：花蜜、腐烂的果实、植物汁液等

长尾大蚕蛾

科属：大蚕蛾科、尾蚕蛾属
别名：长尾水青蛾

长尾大蚕蛾是世界上尾突最长的蛾。前翅中室均有眼状斑，后翅有一对细长的尾突，尾突都带有粉红色。

分布区域： 长尾大蚕蛾在国内分布于湖北、湖南、福建、贵州、广西、广东、云南和浙江等地；在国外分布于从印度到斯里兰卡一带，还有部分分布于马来西亚和印度尼西亚。

幼体特征： 长尾大蚕蛾的幼虫较为丰满，为鲜黄绿色，身上着生有深黄色或橙色的肉瘤，以阔叶树和灌木的叶片、嫩芽为食物。

雌雄差异： 长尾大蚕蛾的雌雄颜色完全不同。雄蛾身体为橘红色，翅膀以杏黄色为主，外缘的粉红色带较宽。雌蛾身体为白色，触角为黄褐色，肩板后缘呈淡黄色。前翅为粉绿色，外缘为黄色，中室眼状斑的中央为粉红色，内侧的波形黑纹较宽，外线为黄褐色。后翅后角的尾突细长，呈飘带状，尾突为橙红色，近端部为黄绿色，外缘为黄色。

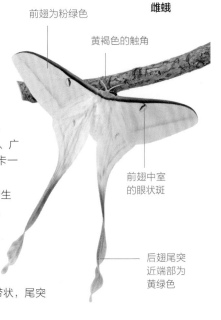

雌蛾
前翅为粉绿色
黄褐色的触角
前翅中室的眼状斑
后翅尾突近端部为黄绿色

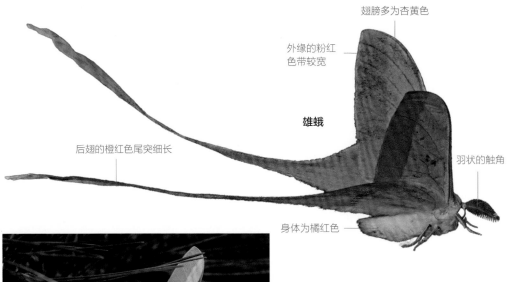

翅膀多为杏黄色
外缘的粉红色带较宽
雄蛾
后翅的橙红色尾突细长
羽状的触角
身体为橘红色

生活习性： 长尾大蚕蛾在夜间活动，成虫一年可以发生 2 代，一般出现在 4 ~ 7 月。成虫喜欢访花。

栖息环境： 长尾大蚕蛾栖息在寄主植物和蜜源植物上。

繁殖方式： 长尾大蚕蛾属于完全变态昆虫，它们的繁殖会经历产卵、孵化、结蛹和羽化 4 个阶段。

| 翅展：9 ~ 12 厘米 | 活动时间：夜晚 | 食物：花蜜、腐烂的果实、植物汁液等 |

欧亚环纹天蚕蛾

科属：天蚕蛾科、天蚕蛾属
别名：大皇蛾、维也纳皇蛾

欧亚环纹天蚕蛾是欧洲最大的蛾类，容易识别。欧亚环纹天蚕蛾身体上分布的图案和翅膀上的图案相配，翅膀呈褐色，上面分布有红色、黑色以及褐色的眼纹，前翅端有黑褐色的小斑点，翅膀上还分布有明暗相间的色带和闪电状的褐色条纹，前缘弥漫着大面积的银白色，两翅均有淡色的外缘带。

分布区域：欧亚环纹天蚕蛾分布于中欧、南欧、西亚和北非。

前翅端的黑褐色小斑点
翅膀呈褐色
后翅中部的眼纹
后翅淡色的外缘带

幼体特征：欧亚环纹天蚕蛾的幼虫为鲜黄绿色，身上生有若干凸出的蓝色肉赘，并长有黑色的簇毛，身体侧面有白色的线纹，以栎树、苹果树以及其他阔叶树的叶片为食物。

雌雄差异：欧亚环纹天蚕蛾的雌雄两性特征相似。

生活习性：欧亚环纹天蚕蛾在夜间活动，成虫喜欢访花。

栖息环境：欧亚环纹天蚕蛾栖息在茂密潮湿的树林中。

繁殖方式：欧亚环纹天蚕蛾属于完全变态昆虫，它们的繁殖会经历产卵、孵化、结蛹和羽化4个阶段。

翅展：10～15厘米	活动时间：夜晚	食物：花蜜、腐烂的果实、植物汁液等

条纹长尾蛾

科属：大蚕蛾科、尾蚕蛾属
别名：伊莎贝拉蝶、西斑牙月蛾

条纹长尾蛾被认为是欧洲最美的蛾类，其翅膀上有红褐色脉纹，比较醒目，前后翅外廓镶嵌有深褐色的边，各翅均缀有一个白心眼纹，心外有半黄半蓝紫色的环，环里面有红褐色的条，翅外缘有鲜明的黄绿色带。

翅膀上的红褐色脉纹

雌蛾

翅膀外廓深褐色的边

白心的眼纹

雄蛾后翅的尾状突起长而弯

翅外缘的黄绿色带

分布区域：条纹长尾蛾主要分布于西班牙中部地区，部分分布于比利牛斯山区。

幼体特征：条纹长尾蛾的幼虫身体呈黄绿色，分布着白色的细斑和栗褐色、白色的带，身上长着褐色的细长毛。幼虫以松树，尤其是林松和黑皮松的叶子为食物。

雌雄差异：条纹长尾蛾雌雄两性异型，雄蛾有尾状突起，雌蛾后翅尾状突起退化成尖形片。雌蛾的体形比雄蛾的体形大。

生活习性：条纹长尾蛾通常在夜间工作。成虫具有趋光性，喜欢访花，吸食花蜜。

栖息环境：条纹长尾蛾栖息在海拔较高的丛林地带，通常是栖息在树上。

繁殖方式：条纹长尾蝶属于完全变态昆虫，它们的繁殖会经历产卵、孵化、结蛹和羽化4个阶段。

翅展：6～20厘米	活动时间：夜晚	食物：花蜜、腐烂的果实、植物汁液等

甘薯天蛾

科属：天蛾科、虾壳天蛾属
别名：旋花天蛾、白薯天蛾、虾壳天蛾

暗灰色的翅膀

前翅端呈尖形

后翅的暗褐色的横带

身体两侧有白色、红色、黑色3条横线

甘薯天蛾的身体和翅膀均为暗灰色，腹部的背面呈灰色，两侧各节有白色、红色、黑色3条横线。前翅内横线、中横线和外横线各为2条深棕色的条带，呈尖锯齿状，顶角有黑色的斜纹。后翅有4条暗褐色的横带。

分布区域：甘薯天蛾主要分布于我国东南、华南地区，还有部分分布于台湾。

幼体特征：甘薯天蛾幼虫以寄主植物扁豆、赤豆、甘薯等植物的叶片为食物。老熟幼虫体色有2种：一种体背呈土黄色，侧面为黄绿色，杂有较大的粗黑斑，体侧有灰白色的斜纹，气孔红色；另一种虫体呈绿色，头部为淡黄色，体侧的斜纹为白色。

生活习性：甘薯天蛾一般在夜间活动，具有趋光性，在华南地区一年可发生3代。成虫喜欢访花。

繁殖方式：甘薯天蛾一般会将卵产于叶子背面。卵期为5~6天，幼虫期约11天，蛹期14天。

趣味小课堂：甘薯天蛾是中型蛾，是甘薯的主要害虫之一。

| 翅展：9~12厘米 | 活动时间：夜晚 | 食物：花蜜、腐烂的果实、植物汁液等 |

条背天蛾

科：天蛾科

中室的黑色圆点

顶角至后缘基部的银白色条纹

后翅基部鲜艳的粉色

中室附近倾斜的棕黑色条纹

身体为橙灰色

条背天蛾身体为橙灰色，头部和肩板两侧均有白色的鳞毛，前翅呈褐色，前翅自顶角至后缘基部有比较明显的银白色条纹，中室有黑色圆点，翅后缘尖锐。后翅为棕黑色，基部为鲜艳的粉色，中室附近有5条倾斜的棕黑色条纹，有小瓣片，近边缘处颜色较淡，呈灰白色。

分布区域：条背天蛾主要分布于非洲和澳大利亚，也有部分分布于南欧。

幼体特征：条背天蛾幼虫身体的颜色变异较大，底色包括暗褐色、浅褐色以及绿色。幼虫以拉拉藤和美洲地锦等多种植物的叶片为食物。幼虫的体形肥大，呈圆柱形，身体表面有很多颗粒。幼虫上颚摩擦可以发出声音。

生活习性：条背天蛾主要在夜间活动，在日间很少活动。成虫飞行能力特别强，可以快速并且持续地飞行，经常飞到花丛中访花吸蜜。

栖息环境：条背天蛾栖息在热带地区的丛林中。

繁殖方式：条背天蛾属于完全变态昆虫，它们的繁殖经历了产卵、孵化、结蛹和羽化4个阶段。

| 翅展：5.6~7厘米 | 活动时间：夜晚 | 食物：花蜜、腐烂的果实、植物汁液等 |

圆翅枯叶蛾

科属：枯叶蛾科、圆翅枯叶蛾属

翅外缘呈弧形

身体呈红褐色

红褐色的翅膀

休息时翅膀叠于背部，好像一束枯叶

圆翅枯叶蛾的成虫一般在7月份出现，休息时翅膀以一种奇特的方式叠于背部，好像一束枯叶。其身体和翅膀均为红褐色，翅上有紫褐色的光彩，触角呈丝状。前翅外缘呈弧形，翅面宽圆，外缘为浅褐色，缘毛为黑褐色，亚外缘有较为明显的黑褐色线，顶角内侧到后缘中部有斜形的长斑纹，后翅为褐色。

分布区域：圆翅枯叶蛾分布于我国广东。

幼体特征：圆翅枯叶蛾的幼虫呈灰色，身体上生有若干肉质的瓣片，长有褐色的长毛。幼虫以黑刺李、山楂和豆科植物等的叶片为食物。

雌雄差异：圆翅枯叶蛾的雌蛾和雄蛾相似。

生活习性：圆翅枯叶蛾一般在夜间活动，成虫喜欢访花，吸取花蜜。

栖息环境：圆翅枯叶蛾栖息在环境比较温暖的茂密丛林中。

繁殖方式：圆翅枯叶蛾属于完全变态昆虫，它们的一生包含卵、幼虫、蛹和成虫4个阶段。

| 翅展：4~5.7厘米 | 活动时间：夜晚 | 食物：花蜜、腐烂的果实、植物汁液等 |

黄带枯叶蛾

科属：枯叶蛾科、金黄枯叶蛾属

雄蛾触角呈羽毛状

前翅中部白色的斑点

翅缘为淡褐色

翅基部呈巧克力暗褐色

黄带枯叶蛾的头、胸、前翅和后翅有大半部分为金黄色，其前翅中室端呈浅黄色的方斑，内侧也是浅黄色。

分布区域：黄带枯叶蛾主要分布于我国陕西、广东、四川和云南。

幼体特征：黄带枯叶蛾的幼虫身体上暗褐色的毛较多，生有黑色的环纹，以悬钩子、栎树、扫帚树等植物的叶子为食物。

雌雄差异：黄带枯叶蛾的雄蛾在白天活动，触角呈羽毛状，雄蛾体形比雌蛾小很多，翅缘为淡褐色，翅基部则为巧克力暗褐色，两者形成明显的对比。雌、雄蛾的前翅中部均有一个白色的斑点，这是两性共有的特征。雌蛾在夜间活动，躯体肥胖，翅膀为淡褐色，有一条淡色的中央带。

生活习性：黄带枯叶蛾在夜间和日间均有活动。成虫一般只在春季和夏季活动，喜欢访花。

栖息环境：黄带枯叶蛾栖息在树木上，部分栖息在落叶林里。

繁殖方式：黄带枯叶蛾属于完全变态昆虫，它们的繁殖会经历产卵、孵化、结蛹和羽化4个阶段。

| 翅展：5~7.5厘米 | 活动时间：雄蛾白天，雌蛾夜晚 | 食物：花蜜、腐烂的果实、植物汁液等 |

李枯叶蛾

科属：枯叶蛾科、枯叶蛾属
别名：枯叶蛾、苹叶大枯叶蛾

李枯叶蛾的身体和翅膀有褐色、赤褐色、黄褐色等，头部颜色略淡，中央有一条黑色的纵纹，触角呈双栉状，前翅缘颜色较深，前翅外缘和后缘略呈锯齿状，翅上有3条波状的黑褐色横线，横线带有蓝色的荧光，近中室端有一个黑褐色的斑点，缘毛为蓝褐色。后翅短且宽，前缘部分为橙黄色，翅上有2条蓝褐色的横线，呈波状。外缘呈锯齿状，缘毛为蓝褐色。

分布区域：李枯叶蛾主要分布于我国东北、西北、华北地区。

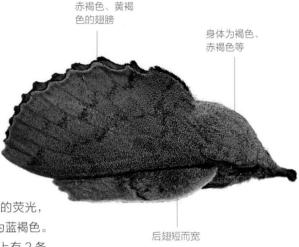

赤褐色、黄褐色的翅膀

身体为褐色、赤褐色等

后翅短而宽

外缘呈锯齿状

后缘略呈锯齿状

后翅上波状的蓝褐色的横线

前缘部分为橙黄色

头部颜色略淡

幼体特征：李枯叶蛾的幼虫以寄主植物的嫩芽和叶片为食物。其身稍扁平，呈暗褐色到暗灰色，与树皮颜色相似。头部为黑色，生有黄白色的短毛，体节的背面有2个红褐色的斑纹，各体节都生有毛瘤。

雌雄差异：李枯叶蛾的雄蛾腹部较细瘦。

生活习性：李枯叶蛾一般在夜间活动，在东北和华北地区该蛾一年发生一代，在河南地区会发生2代，喜食植物叶片。它们白天喜欢在叶片中安静的休息，夜晚出来活动。成虫具有趋光性，也喜欢访花。

栖息环境：李枯叶蛾栖息在寄主植物的叶片上。

繁殖方式：李枯叶蛾属于完全变态昆虫，它们的繁殖会经历产卵、孵化、结蛹和羽化4个阶段。

防治方法：李枯叶蛾的防治方法有人工防治、物理防治和药剂防治。

| 翅展：6～9厘米 | 活动时间：夜晚 | 食物：花蜜、腐烂的果实、植物汁液等 |

大眼纹天蚕蛾

科：天蚕蛾科

大眼纹天蚕蛾背部为红褐色，翅膀的底色为黄色至红褐色不一，由色带和眼纹组成的独特的图案使其容易被识别。其触角为羽毛状，前翅中室端部有一个眼纹，靠近前翅基部有红色的边线纹，前翅端有2个黑斑点。后翅的大眼纹呈灰色，内部有柠檬形的斑块。

分布区域： 大眼纹天蚕蛾主要分布于美国，部分分布于加拿大南部地区。

幼体特征： 大眼纹天蚕蛾的幼虫为鲜黄绿色，使其可在叶子中间进行伪装，虫体丰满，沿着背部有驼峰和凸起的红斑点，从斑点处生出毛，以阔叶树和灌木的叶片为食物。

雌雄差异： 大眼纹天蚕蛾的雌雄两性相似，雌蛾体形比雄蛾大。

生活习性： 大眼纹天蚕蛾每年发生1～2代，它们通常在夜间活动，白天少见活动者。成虫喜欢访花。

栖息环境： 大眼纹天蚕蛾栖息在寄主植物的叶片上。

繁殖方式： 大眼纹天蚕蛾属于完全变态昆虫，它们的一生包含卵、幼虫、蛹和成虫4个时期。

雄蛾触角为羽毛状　前翅中室端部的眼纹

黄褐色的外缘带较宽

背部为红褐色

后翅的大眼纹内部有柠檬形的斑块

| 翅展：10～13厘米 | 活动时间：夜晚 | 食物：花蜜、腐烂的果实、植物汁液等 |

榆绿天蛾

科属：天蛾科、绿天蛾属
别名：云纹天蛾

榆绿天蛾的胸背为墨绿色，腹部背面为粉绿色，每腹节有黄白色的线纹。粉绿色的翅面有云纹斑，前翅前缘的顶角有一块较大的深绿色斑，呈三角形，后缘中部有一块褐色斑。内横线外侧连成一块深绿色的斑点，外横线呈2条波状纹。后翅为红色，翅外缘为淡绿色，后缘角有墨绿色的斑。

分布区域： 榆绿天蛾在国内分布于内蒙古、湖南、四川、福建和贵州；在国外主要分布于日本以及欧洲各国。

幼体特征： 榆绿天蛾幼虫的寄主植物为榆树、柳树、杨树、槐树、桑树等园林植物。幼虫身体为鲜绿色，头部散生着小白点，背线为赤褐色，两侧有白色的线，尾角呈赤褐色。

生活习性： 榆绿天蛾一般在夜间活动，在华北地区一年会发生1～2代，蛹期常常是它们进入冬眠的时间，每年的6～7月是成虫羽化的高峰期。成虫具有趋光性。在6～9月间是幼虫危害期。

栖息环境： 榆绿天蛾栖息在茂密的植物枝叶上。

粉绿色的翅面　　前缘顶角有三角形状深绿色斑

后翅为红色

腹部背面每腹节有黄白色的线纹

| 翅展：7.5～7.9厘米 | 活动时间：夜晚 | 食物：花蜜、腐烂的果实、植物汁液等 |

芋双线天蛾

科：天蛾科
别名：凤仙花天蛾、芋叶灰褐天蛾

前翅为灰褐色
前翅面灰褐色的条纹
黑褐色的后翅
身体为褐绿色

　　芋双线天蛾身体为褐绿色，胸部的背线为灰褐色，前翅为灰褐色，翅面有若干条灰褐色和黄白色的条纹。黑褐色的后翅有一条灰黄色横带，缘毛为白色。

分布区域： 芋双线天蛾分布于我国华北地区，以及江苏、浙江、

江西、广东、台湾等地。

幼体特征： 芋双线天蛾幼虫寄主植物有凤仙花、水芋、长春花、大丽花等多种花卉。幼虫有避光性，白天躲在枝杈背阴处，经常将叶片吃得残缺不全，严重时会把花被吃光。老熟幼虫身体粗大，呈圆筒形，体色多为绿褐色和紫褐色，胸背部有 2 列黄白色点，两侧有黄色圆斑和眼状纹。

生活习性： 芋双线天蛾通常是昼伏夜出，成虫有趋光性，该种通常以蛹过冬，6、7 月份出现成虫。它们的食量比较大，成虫喜欢访花。

栖息环境： 芋双线天蛾栖息在寄

主植物的叶片上以及落叶林中。

繁殖方式： 芋双线天蛾属于完全变态昆虫，它们的繁殖需要经历 4 个阶段，即产卵、结蛹、孵化和羽化。

防治方法： 芋双线天蛾的防治方法有 4 种：利用成虫的趋光性，用黑光灯诱杀；保护和利用其天敌；人工捕杀；化学防治。

| 翅展：7～8 厘米 | 活动时间：夜晚 | 食物：花蜜、腐烂的果实、植物的汁液等 |

巴纹天蛾

科属：天蛾科、斜纹天蛾属

触角尖端有明显的弯曲
前胸背板上"八"字形的褐色斑纹
绿色的前翅
灰褐色的后翅
后翅不规则的中央带为绿灰色

　　巴纹天蛾在热带地区整年都可见，比较引人注目，全身由不同深浅的绿色和紫粉色构成复杂的花纹，其触角尖端有明显的弯曲，前胸背板上有"八"字形的褐色斑纹，后翅为灰褐色，不规则的中央带为绿灰色，身体上的花纹和前翅相似。因此，当巴纹天蛾停栖在叶片中间时，不容易被发现。

分布区域： 巴纹天蛾分布于非洲，也有部分分布于南亚以及欧洲。

幼体特征： 巴纹天蛾的幼虫较大，为橄榄绿色，头后面的躯体上有 2

个较大的蓝色眼纹，尾角为黄色，有黑尖，以夹竹桃、葡萄和长春花属的叶片和嫩芽为食物。

生活习性： 巴纹天蛾多在夜间活动，很少在白天活动。成虫一般在每年 3～12 月出现，它们在夜间具有趋光性。成虫喜欢访花。

栖息环境： 巴纹天蛾的栖息环境主要以平地至中海拔山区为主。

繁殖方式： 巴纹天蛾属于完全变态昆虫，它们的繁殖会经历产卵、孵化、结蛹和羽化 4 个阶段。

| 翅展：7～12 厘米 | 活动时间：夜晚 | 食物：花蜜、腐烂的果实、植物汁液等 |

咖啡透翅天蛾

科属：天蛾科、透翅天蛾属
别名：栀子大透翅天蛾

墨绿色的触角

翅膀呈透明状

黑棕色的翅脉

尾部的黑色毛丛

咖啡透翅天蛾身体呈纺锤形，触角为墨绿色，胸部背面为黄绿色，腹部背面前端为草绿色，中部为紫红色，后部为杏黄色。翅基为草绿色，翅膀呈透明状，翅脉为黑棕色，后翅内缘至后角有绿色鳞毛。尾部有黑色毛丛。

分布区域：咖啡透翅天蛾分布于我国安徽、江西、湖南、湖北、四川、福建、广西、云南和台湾。

幼体特征：咖啡透翅天蛾幼虫的寄主植物为黄栀子和茜草科植物、咖啡等。幼虫以寄主植物的叶片为食物，有时会把叶片吃得只剩下主脉和叶柄。末龄幼虫为浅绿色，头部呈椭圆形，前胸背板有颗粒状突起。

雌雄差异：咖啡透翅天蛾雄性外生殖器上的钩形突呈倒足形，顶端尖，向上方伸出。背兜为椭圆形。可根据此特征辨别雌雄。

生活习性：咖啡透翅天蛾在日间活动，它们喜欢快速振动透明的翅膀，在花丛间穿行。成虫喜欢访花，吸食花蜜的时候它们靠翅膀悬挺在空中，尾部的鳞毛展开。

栖息环境：咖啡透翅天蛾栖息在灌木丛中，主要以树栖为主。

繁殖方式：咖啡透翅天蛾属于完全变态昆虫，它们的繁殖会经历产卵、孵化、结蛹和羽化4个阶段。

翅展：4.5 ~ 5.7 厘米	活动时间：白天	食物：花蜜

基红天蛾

科：天蛾科

基红天蛾是一种比较常见的蛾类，其躯体较肥胖，呈褐色，前翅和后翅的边缘均为波浪形，前翅的颜色为淡灰色至紫灰色，分布有颜色较深的带，翅膀边缘的颜色也比较深。前翅中室顶部有独特的白斑，比较明显。后翅有一块较大的斑块，呈红褐色，翅缘有一个明显向内凹入的部位。

分布区域：基红天蛾的分布遍及欧洲，部分分布于亚洲温带地区。

幼体特征：基红天蛾幼虫的身体为黄色或蓝绿色，上面有细细的

前翅淡灰色至紫灰色

翅边缘为波浪形

翅缘明显向内凹入

躯体较肥胖

黑斑。幼虫以寄主植物白杨的叶片和嫩芽为食物。

雌雄差异：基红天蛾雌蛾的腹部比较大，雄蛾的腹部比较小；雄蛾的触角比较发达，雌蛾的触角比较小，不是很发达。

生活习性：基红天蛾主要在夜间活动，白天较少出来活动，一年会发生1 ~ 2代，成虫喜欢访花。

栖息环境：基红天蛾栖息在树冠阴处，部分栖息在建筑物等处。

繁殖方式：基红天蛾属于完全变态昆虫，它们的繁殖会经历产卵、孵化、结蛹和羽化4个阶段。

翅展：7 ~ 8 厘米	活动时间：夜晚	食物：花蜜、腐烂的果实、植物汁液等

鬼脸天蛾

科属：天蛾科、面形天蛾属
别名：人面天蛾、骷髅天蛾

胸部背面有鬼脸形的斑纹

色彩鲜艳的后翅

　　鬼脸天蛾有较强壮的吻管，可以用来刺破蜂房的巢室，取食其中的花蜜。鬼脸天蛾的翅膀多呈杂乱的深黑褐色，胸部的背面有鬼脸形的斑纹，躯体呈黑色，腹部有黄色横带，前翅黑色、青色以及黄色相间，内横线和外横线分别由若干条深浅不一的波状线条组成，中室上有一个灰白色的点。后翅呈黄色，基部、中部和外缘处有 3 条较宽的黑色带。

分布区域：鬼脸天蛾广泛分布于亚欧地区，包括俄罗斯的远东地区、日本、巴基斯坦、尼泊尔。在国内分布于湖南、江西、海南、广东、广西、云南、福建和台湾等地。在印度、斯里兰卡、缅甸、菲律宾和印度尼西亚等国也有少部分分布。

雌雄差异：鬼脸天蛾的雌雄差异不明显，雌蛾的体形普遍比雄蛾的体形大。

生活习性：鬼脸天蛾在夜间活动，一年可发生一代，它们在夜间具有趋光性，喜欢在地面飞跳并且还会发出吱吱的叫声。成虫喜欢访花。飞翔能力比较弱。

栖息环境：鬼脸天蛾栖息在低、中海拔山区，喜欢隐居在寄主植物的叶背。

中部的黑色带

前翅深浅不一的波状线

腹部的黄色横带

中室有一个灰白色的点

前翅多呈杂乱的深黑褐色

后翅呈黄色

后翅外缘处的黑色带较宽

躯体呈黑色

幼体特征：鬼脸天蛾的幼虫寄主植物为茄科、马鞭草科、木樨科、紫葳科及唇形科植物。幼虫体形肥大，体色有黄、绿、褐、灰等多种，一龄幼虫身体大致为淡黄色。

繁殖方式：鬼脸天蛾属于完全变态昆虫，它们的繁殖会经历产卵、孵化、结蛹和羽化 4 个阶段。

| 翅展：10～12.5 厘米 | 活动时间：夜晚 | 食物：花蜜、腐烂的果实、植物汁液等 |

黄豹大蚕蛾

科属：大蚕蛾科、黄豹大蚕蛾属

黄豹大蚕蛾体形较大，身体呈黄色，胸部前缘为灰褐色，触角呈双栉状，翅膀多为黄色。前翅前缘为灰褐色，褐色的内线呈波状，外线和亚端线均为褐色的锯齿状，顶角为粉红色，外侧有白色的闪电纹，下面有黑斑点。中室端有一个肾形的眼纹，眼纹中间为浅粉色，有棕色外围和赭黄色、褐色的轮廓。后翅的颜色和斑纹均和前翅相同，只有亚端线颜色稍深，比前翅的稍粗，后翅的肩角更发达。黄豹大蚕蛾个别种的后翅上有燕尾。

翅膀多为黄色

触角呈双栉状

身体呈黄色

前翅的黑斑点

褐色锯齿状的外线

粉红色的顶角

生活习性： 黄豹大蚕蛾在夜间活动，成虫喜欢访花。

栖息环境： 黄豹大蚕蛾栖息环境为藤类植物比较多的地方。

繁殖方式： 黄豹大蚕蛾属于完全变态昆虫，它们的繁殖会经历产卵、孵化、结蛹和羽化 4 个阶段。

后翅中室端的肾形眼纹

后翅椭圆形

分布区域： 黄豹大蚕蛾在国内分布于青海、宁夏、河北、安徽、浙江、江西、福建、广东、海南、广西、四川、云南和西藏；在国外主要分布于印度北部地区。

幼体特征： 黄豹大蚕蛾的幼虫身体粗壮，一般生有较多的毛瘤，以寄主植物白粉藤及其他藤科植物的叶片为食物。

雌雄差异： 黄豹大蚕蛾雌蛾的体形比雄蛾大，雌蛾的行动比雄蛾迟缓。

翅展：7 ~ 8.5 厘米　　　活动时间：夜晚　　　食物：花蜜、腐烂的果实、植物汁液等

夹竹桃天蛾

科属：天蛾科、白腰天蛾属
别名：粉绿白腰天蛾、鹰纹天蛾

夹竹桃天蛾的体色和底色为灰绿色或橄榄绿色，前胸背板上有一个"八"字形的斑纹，呈灰白色，前翅中央有一条淡黄褐色的横带，和腹背的黄白色横斑在停栖时条纹相连，前翅基有一个小眼纹。近翅端有一条斜向的浅色横带，有一个灰褐色的暗斑近臀部，暗斑到达后缘的位置。

须状的触角
橄榄绿色的翅膀
后翅近臀部有一个灰褐色的暗斑

前翅基部的小眼纹
背部的黄白色横斑
近翅端斜向的浅色横带
腹部肥大

分布区域： 夹竹桃天蛾分布于我国广东、广西、台湾、福建、四川和云南。

幼体特征： 夹竹桃天蛾幼虫寄主为夹竹桃科的日日春、马茶花、夹竹桃等有毒植物，以新梢叶片和嫩茎为食物。初龄幼虫身体为绿色，腹端有一根细长的黑色尾突，终龄幼虫粗大，尾突为橙色，胸背板上有一对框黑边的蓝白色拟眼大斑，形态好似外星人。各龄期幼虫体色多变，体形肥大，体侧有一条白色的纵纹。

雌雄差异： 夹竹桃天蛾雌蛾体形比雄蛾大，雌蛾行动能力没有雄蛾强，比如雌蛾爬行速度没有雄蛾快。

生活习性： 夹竹桃天蛾在夜间活动，白天会隐蔽在林间，具有趋光性。它们的飞翔能力十分强，能够进行远距离迁飞。成虫经常会在公园、学校以及住家阳台活动。

栖息环境： 夹竹桃天蛾普遍栖息在低海拔山区，主要以低洼潮湿的地方为主。

繁殖方式： 夹竹桃天蛾属于完全变态昆虫，它们的繁殖会经历产卵、孵化、结蛹和羽化4个阶段。

前胸背板上"八"字形的灰白色斑纹
中央淡黄褐色的横带
身体为灰绿色或橄榄绿色

翅展：8～9厘米　　活动时间：夜晚　　食物：花蜜、腐烂的果实、植物汁液等

凹翅黄天蛾

科：天蛾科

前翅有橄榄绿色的斑块

翅外缘呈破布形

躯体较肥胖

靠近前翅端的形状独特的色斑

前翅黑褐色的斑块

凹翅黄天蛾躯体较肥胖，翅膀色彩范围从暗粉红色到红褐色或黄褐色，前翅上有橄榄绿色的斑块和变异的伪装图案，靠近前翅端有形状独特的色斑，翅外缘呈破布形。后翅呈黄褐色，臀部有较暗的色斑。

分布区域： 凹翅黄天蛾分布于欧洲至西伯利亚地区。

幼体特征： 凹翅黄天蛾幼虫身体呈绿色，生有黄白色的小斑点，两侧有黄色条纹。幼虫以椴树和其他阔叶树木的叶片和嫩芽为食物。

雌雄差异： 凹翅黄天蛾雌蛾和雄蛾的差异在于，雌蛾比雄蛾大一些，因为雌蛾腹部更宽，雌蛾的行动能力不及雄蛾。

生活习性： 凹翅黄天蛾黄昏的时候开始活动，夜晚是趋光的，成虫喜欢访花。

栖息环境： 凹翅黄天蛾栖息在平原至低海拔山区。

繁殖方式： 凹翅黄天蛾属于完全变态昆虫，它们的繁殖会经历产卵、孵化、结蛹和羽化4个阶段。

| 翅展：6～7.5厘米 | 活动时间：夜晚 | 食物：花蜜、腐烂的果实、植物汁液等 |

狭翅黄天蛾

科：天蛾科

前翅长而且窄

后翅呈黄褐色

腹部有淡色的斜纹

前翅端有明显的缺口

狭翅黄天蛾长且窄的前翅是其特征，其腹部有淡色的斜纹，前翅端有明显的缺口，后缘有黑褐色的斑点，后翅呈黄褐色。狭翅黄天蛾和其他天蛾科蛾种的区别在于，该蛾种沿着前翅外缘有一条暗褐色的条纹。

分布区域： 狭翅黄天蛾分布于从阿根廷至美国佛罗里达州一带。

幼体特征： 狭翅黄天蛾幼虫为黄绿色，身体两侧有绿白色或黄绿色的斜带，尾部有明显的角。幼虫以腰果和其他近缘植物的叶片为食物。

雌雄差异： 狭翅黄天蛾雌蛾的体形比雄蛾体形大，雄蛾的腹部比较小，但触角比较发达。

生活习性： 狭翅黄天蛾在夜间活动，成虫一般会出现在春季至秋季，喜欢访花，吸取花蜜，也喜欢在湿地上吸水。

栖息环境： 狭翅黄天蛾栖息在低、中海拔山区。

繁殖方式： 狭翅黄天蛾属于完全变态昆虫，它们的繁殖会经历产卵、孵化、结蛹和羽化4个阶段。

| 翅展：5.3～7厘米 | 活动时间：夜晚 | 食物：花蜜、腐烂的果实、植物汁液等 |

青眼纹天蛾

科：天蛾科

青眼纹天蛾的躯体肥胖，头部呈暗红褐色，前翅为灰褐色，明暗不同，前翅端呈凹口型，后翅为深粉红色，有淡色的宽边，后缘有比较显眼的黑圈蓝色眼纹，有黑色条纹穿过眼纹。

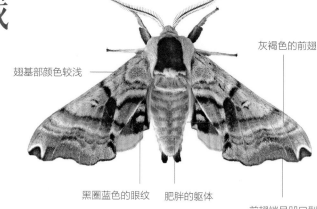

翅基部颜色较浅

灰褐色的前翅

黑圈蓝色的眼纹

肥胖的躯体

前翅端呈凹口型

分布区域： 青眼纹天蛾主要分布于加拿大和美国。

幼体特征： 青眼纹天蛾幼虫的身体为绿色，身体两侧有对角线条纹，并且有紫粉色或蓝色的直尾角，以寄主植物苹果树的叶片为食物。

雌雄差异： 青眼纹天蛾雌蛾的体形比雄蛾大，雄蛾的行动能力比雌蛾强，雄蛾的触角比较发达。

生活习性： 青眼纹天蛾在夜间活动，成虫喜欢访花。

栖息环境： 青眼纹天蛾栖息在低、中海拔山区的灌木丛林中。

翅展：5~8厘米	活动时间：夜晚	食物：花蜜、腐烂的果实、植物汁液等

小透翅天蛾

科属：天蛾科、透翅天蛾属

小透翅天蛾属于北美蝶种的一个类群，身体肥胖，腹部有深红褐色的带，尾部长有鳞片。前后翅都具有透明的区域，里面有黑色脉纹，透明区周围有深红褐色的边，而翅基部和身体前部为橄榄绿色。后翅有红褐色的不规则的内缘。

身体前部呈橄榄绿色

前翅透明的区域

翅基部呈橄榄绿色

身体肥胖

透明区周围有深红褐色的边

分布区域： 小透翅天蛾主要分布于加拿大和美国。

幼体特征： 小透翅天蛾幼虫身体丰满，呈黄绿色，背部有一些浅色的条纹，并且有黄色和绿色的尾角，以山楂和近缘植物的叶片为食物。

雌雄差异： 小透翅天蛾雌蛾的体形比雄蛾大，雄蛾的行动能力比雌蛾强，雄蛾的触角也比雌蛾发达。

生活习性： 小透翅天蛾在夜间活动，白天栖息，成虫喜欢访花。

栖息环境： 小透翅天蛾栖息在灌木丛中，主要以树栖为主。

翅展：4~6厘米	活动时间：夜晚	食物：花蜜、腐烂的果实、植物汁液等

红裙小天蛾

科：天蛾科
别名：蜂鸟鹰蛾

触角粗壮

灰褐色的前翅

杏红色的后翅　　扇形的尾部

红裙小天蛾的双翅强而有力，扇动极快。其身体宽阔，呈灰褐色，触角粗壮，灰褐色的前翅上分布有黑色的细线，后翅为杏红色，边缘为深色，尾部呈扇形，雌雄两性相似。因为红裙小天蛾在花朵前盘旋，用其伸长的吸管吸吮花蜜时，动作像蜂鸟，所以时常被误认为是蜂鸟。

分布区域：红裙小天蛾主要分布于南欧，部分分布于北非，并跨越亚洲至日本。

幼体特征：红裙小天蛾幼虫身体为绿色或褐色，尾上有蓝色的角，以拉拉藤的叶子为食物。

雌雄差异：红裙小天蛾雌蛾比雄蛾略大，可以以此来区分。

生活习性：红裙小天蛾在日间活动，夜里栖息，成虫喜欢访花。

栖息环境：红裙小天蛾栖息在树木茂密的丛林中，主要是以停留在寄主植物的叶片和枝干上为主。

繁殖方式：红裙小天蛾属于完全变态昆虫，它们的繁殖会经历产卵、孵化、结蛹和羽化 4 个阶段。

| 翅展：4～5 厘米 | 活动时间：白天 | 食物：花蜜、腐烂的果实、植物汁液等 |

顶纹天社蛾

科属：天社蛾科、天社蛾属

紫灰色前翅弥漫着亮银灰色

翅缘呈波浪形

头部圆钝

淡黄色的斑块

黑色的斑纹

顶纹天社蛾是一种比较独特的蛾种。其前翅呈紫灰色，弥漫着亮银灰色，并分布着黑色和褐色的斑纹，前翅缘呈波浪形，后翅颜色较淡，休息时会将淡色后翅隐藏起来。顶纹天社蛾的俗名"Buff-tip"来源于前翅淡黄色的斑块，这个斑块能让顶纹天社蛾在休息时伪装成嫩树枝的端部，从而不被天敌发现。

分布区域：顶纹天社蛾分布于欧洲至西伯利亚地区。

幼体特征：顶纹天社蛾幼虫身体为橙黄色，其上分布有黑色的带，以各种阔叶树叶和灌木叶片为食物。

雌雄差异：顶纹天社蛾雌蛾的体形比雄蛾大一些。

生活习性：顶纹天社蛾在夜间活动，在夜间具有趋光性，成虫喜欢访花吸蜜。

栖息环境：顶纹天社蛾栖息在低海拔山区。

繁殖方式：顶纹天社蛾属于完全变态昆虫，它们的一生会经历卵、幼虫、蛹和成虫 4 个时期。

| 翅展：5.5～7 厘米 | 活动时间：夜晚 | 食物：花蜜、腐烂的果实、植物汁液等 |

黄脉小天蛾

科属：天蛾科、黄脉小天蛾属

前翅呈暗橄榄褐色

前翅淡黄色的带

后翅呈粉红色，有黑边

躯体上有粉白色的条纹

淡灰褐色的翅缘

黄脉小天蛾分布广泛，几乎遍及全世界。黄脉小天蛾的躯体上有独特的色斑和粉白色的条纹，前翅呈暗橄榄褐色，翅面上分布有淡黄色的带和条纹。后翅呈粉红色，围以黑边，前翅和后翅均有淡灰褐色的边缘。

分布区域：黄脉小天蛾主要分布于南美洲和北美洲，部分分布于欧洲、非洲、亚洲和大洋洲。

幼体特征：黄脉小天蛾幼虫的身体呈暗绿色或黑色，其上点缀有黄色斑点。幼虫取食多种植物的叶片，包括拉拉藤等。

雌雄差异：黄脉小天蛾的雌雄差异在于雌蛾的体形比雄蛾大。

生活习性：黄脉小天蛾有在夜间活动的，也有在日间活动的。成虫喜欢访花，比如缬草和忍冬等植物。

繁殖方式：黄脉小天蛾属于完全变态昆虫，它们的繁殖会经历产卵、孵化、结蛹和羽化 4 个阶段。

| 翅展：7 ~ 8 厘米 | 活动时间：白天、夜晚 | 食物：花蜜、腐烂的果实、植物汁液等 |

非洲眼纹天蚕蛾

科：天蚕蛾科

前翅端部向外凸出

前翅前缘呈白色

眼纹边缘为黑色

后翅中部的黄色大眼纹

非洲眼纹天蚕蛾背部呈红褐色，翅膀的颜色从红褐色到暗紫色不等。前翅和后翅均有显眼的淡色带，前翅前缘呈白色，端部向外凸出，中部有半透明的淡色带。后翅中部有一个黄色或红色的大眼纹，中心透明，比较显眼。

分布区域：非洲眼纹天蚕蛾的分布遍及非洲，包括撒哈拉沙漠南部。

幼体特征：非洲眼纹天蚕蛾幼虫身体呈黑色，头部后面长有黑色的刺，身体其余部位有黄白色的突起，以朴属和榄仁树属等多种植物的叶片为食物。

雌雄差异：非洲眼纹天蚕蛾雌蛾比雄蛾的体形大一些。

生活习性：非洲眼纹天蚕蛾在夜间活动，成虫喜欢访花。

栖息环境：非洲眼纹天蚕蛾栖息在寄主植物的叶片上。

繁殖方式：非洲眼纹天蚕蛾属于完全变态昆虫，它们的繁殖会经历产卵、孵化、结蛹和羽化 4 个阶段。

| 翅展：10 ~ 16 厘米 | 活动时间：夜晚 | 食物：花蜜、腐烂的果实、植物汁液等 |

圈纹灯蛾

科：灯蛾科

圈纹灯蛾的前翅有独特的黑褐色至蓝黑色的环状斑，后翅边缘有黑斑，很引人注目，因此容易辨认。其前翅花纹连续经过头部和胸部，后翅比前翅平淡。

分布区域：圈纹灯蛾主要分布于加拿大东南部地区，经美国东部至墨西哥一带。

幼体特征：圈纹灯蛾的幼虫多毛，身体呈黑色，各体节之间有深红色的环，在防卫时会亮出，变得卷曲，以示警告。幼虫取食多种植物的叶片，包括李属植物和芭蕉。

雌雄差异：圈纹灯蛾雄蛾的后翅内缘呈暗色，雌蛾的黄斑在腹部连续出现。

生活习性：圈纹灯蛾通常在夜间活动，有趋光性，成虫喜欢访花吸蜜。

环状斑延伸至头部

长长的触角

翅膀上布满环状斑

栖息环境：圈纹灯蛾多栖息在热带和亚热带地区。

繁殖方式：圈纹灯蛾属于完全变态昆虫，它们的繁殖会经历产卵、孵化、结蛹和羽化 4 个阶段。

翅展：6 ~ 9 厘米	活动时间：夜晚	食物：花蜜、腐烂的果实、植物汁液等

圆翅红灯蛾

科：灯蛾科

圆翅红灯蛾胸部长有褐色的绒毛，腹部呈红色，有数排黑色的斑点。前翅和后翅均呈半透明状，前翅为红褐色或灰褐色，前翅中心有独特的黑斑点，而后翅则为粉色或红色，翅缘饰有黑色的大斑点，容易辨认。

分布区域：圆翅红灯蛾分布于日本、加拿大、美国，以及欧洲至北非一带。

幼体特征：圆翅红灯蛾的幼虫呈褐色，身上覆盖有红褐色或黄褐色的毛，以低矮植物的叶片和嫩芽为食物。

前翅为红褐色或灰褐色

中心有独特的黑斑点

翅膀边缘有黑斑

红色的腹部有数排黑色的斑点

后翅为粉色或红色

生活习性：圆翅红灯蛾多在夜间活动，趋光性比较强，它们有自己躲避天敌的方式，不易被捕捉。成虫喜欢访花吸蜜。

栖息环境：圆翅红灯蛾栖息在寄主植物的叶片和枝干上。

繁殖方式：圆翅红灯蛾属于完全变态昆虫，它们的繁殖会经历产卵、孵化、结蛹和羽化 4 个阶段。

翅展：3 ~ 4 厘米	活动时间：夜晚	食物：花蜜、腐烂的果实、植物汁液等

白纹红裙灯蛾

科：灯蛾科

前翅呈绿黑色

黄白色的斑点

黑色的斑块

红褐色的后翅

白纹红裙灯蛾的腹部呈红色，中央有黑色的条纹，前翅呈绿黑色，翅面分布有黄白色的斑点，前翅的图案连续跨越胸部，部分翅面上的斑点会缩小不少。后翅呈红褐色，点缀有黑色的斑块。

分布区域：白纹红裙灯蛾分布于欧洲至亚洲的温带地区一带。

幼体特征：白纹红裙灯蛾的幼虫身体呈黑色，有丛生的黑色和灰色的毛，沿着背部以及身体两侧有断续的黄白色带。幼虫以酸模等植物的叶片为食物。

雌雄差异：白纹红裙灯蛾雌蛾的体形比雄蛾大。

生活习性：白纹红裙灯蛾通常在日间活动，成虫喜欢访花，具有趋光性。

栖息环境：白纹红裙灯蛾栖息在中低海拔地区。

繁殖方式：白纹红裙灯蛾属于完全变态昆虫，它们的繁殖会经历产卵、孵化、结蛹和羽化 4 个阶段。

翅展：4.5 ~ 5.5 厘米	活动时间：白天	食物：花蜜、腐烂的果实、植物汁液等

红裙灯蛾

科：灯蛾科

前翅分布有黑色的条纹

不规则的黑斑

前翅呈黄白色

后翅一般呈红色

红裙灯蛾的前翅呈黄白色，翅面上分布有黑色的条纹，前翅的图案连续跨越胸部。后翅一般呈红色，分布有数个不规则的黑斑，但是有的变种蛾后翅呈现为黄色。

分布区域：红裙灯蛾分布于欧洲至亚洲的温带地区。

幼体特征：红裙灯蛾幼虫身体为暗褐色，长有黄褐色的短毛，背部和两侧有黄色的带。幼虫以某一范围内低矮植物的叶片为食物。

雌雄差异：红裙灯蛾的雌蛾比雄蛾体形大。

生活习性：红裙灯蛾一般在日间和夜间都活动，成虫喜欢访花，吸取花蜜。

栖息环境：红裙灯蛾栖息在平原和中海拔地区的树丛中。

繁殖方式：红裙灯蛾是完全变态昆虫，它们的繁殖会经历产卵、孵化、结蛹和羽化 4 个阶段。

翅展：5 ~ 6 厘米	活动时间：白天、夜晚	食物：花蜜、腐烂的果实、植物汁液等

红裳灯蛾

科：灯蛾科
别名：朱砂蛾

红裳灯蛾在白天飞行时经常被误认为是蝴蝶，其背部呈黑色，腹部有黑色的光泽。前翅呈绿黑色，翅面上有鲜明的红色条纹和斑点，比较容易辨认。后翅一般为红色，后翅缘为黑色，但是也会出现有黄色型后翅的蛾种。

分布区域： 红裳灯蛾分布于整个欧洲。

幼体特征： 红裳灯蛾幼虫身体为橙黄色，周围有黑色的粗环，以千里花以及瓜叶菊的叶片为食物。

雌雄差异： 红裳灯蛾雌蛾的体形比雄蛾大，但是雌蛾的行动比雄蛾迟缓。

生活习性： 红裳灯蛾一般在日间活动，成虫可以访花，吸取花蜜。

身体有黑色的光泽

绿黑色的前翅

翅面上鲜明的红色条纹

后翅一般呈红色

黑色的后翅缘

栖息环境： 红裳灯蛾的栖息地以平原至中海拔地区为主。

繁殖方式： 红裳灯蛾属于完全变态昆虫，它们的繁殖会经历产卵、孵化、结蛹和羽化4个阶段。

翅展：3～4厘米	活动时间：白天	食物：花蜜、腐烂的果实、植物汁液等

黑褐灯蛾

科：灯蛾科

黑褐灯蛾的头部呈鲜橙色，触角较长，翅膀颜色为暗褐色。腹部背面呈具有光辉的金属蓝色，这是其最与众不同的特点。金属蓝色延伸到前翅的基部，前翅缘呈黑色，后翅缘呈白色。当黑褐灯蛾在花丛中取食的时候，就好像一只胡蜂。

分布区域： 黑褐灯蛾主要分布于美国北部和加拿大。

幼体特征： 黑褐灯蛾幼虫身体呈灰色，多变，长有黄色或黑色的毛，以禾草和莎草的叶片为食物。

长长的触角

头部呈鲜橙色

雌雄差异： 黑褐灯蛾的雌蛾比雄蛾体形大，行动比雄蛾迟缓。

生活习性： 黑褐灯蛾通常在日间和夜间都活动，成虫喜欢访花。

栖息环境： 黑褐灯蛾栖息在平原至中海拔地区。

繁殖方式： 黑褐灯蛾属于完全变态昆虫，它们的一生包含卵、幼虫、蛹和成虫4个时期。

腹部背面呈金属蓝色

翅膀颜色为暗褐色

翅展：4～5厘米	活动时间：白天、夜晚	食物：花蜜、腐烂的果实、植物汁液等

黄带黑鹿子蛾

科：灯蛾科
别名：黄带地榆蛾

黄带黑鹿子蛾的触角尖端为白色，背部为黑色，蓝黑色的胸背上有黄色的斑点。蓝黑色的腹部分布着黄色的宽带，因此又被称为"黄带地榆蛾"。其前翅上有 6 个白色的斑点，后翅上也具有白色的斑点。黄带黑鹿子蛾别名黄带地榆蛾，但和其他地榆蛾如白斑黑斑蛾、红带斑蛾等不属于同一科。

分布区域： 黄带黑鹿子蛾分布于中欧、南欧和中亚。

幼体特征： 黄带黑鹿子蛾的幼虫

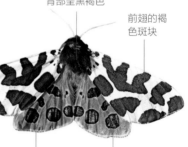

触角尖端呈白色

蓝黑色的胸背有黄色斑点

前翅上有 6 个白色的斑点

腹部的黄色宽带

后翅上的白色斑点

身体呈灰色，多毛，以多种低矮植物的叶片为食物。

雌雄差异： 黄带黑鹿子蛾的雄蛾体形比雌蛾稍小，行动比雌蛾敏捷。

生活习性： 黄带黑鹿子蛾通常在日间活动，成虫喜欢访花。

栖息环境： 黄带黑鹿子蛾栖息在平原以及中海拔地区的丛林中，以树栖为主。

繁殖方式： 黄带黑鹿子蛾属于完全变态昆虫，它们的繁殖方式分为产卵、孵化、结蛹和羽化 4 个阶段。

| 翅展：3 ~ 4 厘米 | 活动时间：白天 | 食物：花蜜、腐烂的果实、植物汁液等 |

白网红灯蛾

科：灯蛾科

白网红灯蛾的前翅有白色和褐色 2 种色彩，后翅呈红色，分布有数个蓝黑色的斑点，比较显眼，容易辨认，后翅缘为淡橙色。胸部为褐色，毛皮状，头部、背部为黑褐色，红褐色的腹部分布有黑色的斑点。前后两翅上的斑纹

背部呈黑褐色

前翅的褐色斑块

变异较大，偶尔会有黄色型的白网红灯蛾，但比较稀少。

后翅呈红色

蓝黑色的斑点

分布区域： 白网红灯蛾主要分布于欧洲，还有部分的分布横跨亚洲温带地区至日本。

幼体特征： 白网红灯蛾的幼虫身体呈黑色，身体下部和第一节周围有锈红色的毛，看上去毛茸茸的，显得笨拙，以广泛的低矮植物和阔叶灌木的叶片为食物。

雌雄差异： 白网红灯蛾雌蛾的体形比雄蛾体形大，雄蛾的行动能力比雌蛾的行动能力强。

生活习性： 白网红灯蛾一般在日间活动，成虫喜欢访花。

栖息环境： 白网红灯蛾以树栖为主，主要栖息在平原至中海拔地区。

繁殖方式： 白网红灯蛾属于完全变态昆虫，它们的一生包含卵、幼虫、蛹和成虫 4 个时期。

| 翅展：5 ~ 7.5 厘米 | 活动时间：白天 | 食物：花蜜、腐烂的果实、植物汁液等 |

黑点白灯蛾

科：灯蛾科

黑点白灯蛾的前翅颜色为白色至黄白色，分布有不同的小黑点。胸部呈白色的毛皮状，腹部有独特的警戒图案。后翅呈白色，有少量的黑斑。有些变种蛾翅膀上的黑斑更大，范围也更宽，连在一起能形成条纹，而有些蛾的前翅上面却没有黑斑。

分布区域： 黑点白灯蛾主要分布于欧洲，也有部分分布于亚洲。

幼体特征： 黑点白灯蛾幼虫呈绿褐色，身体多毛，其背部有一条橙色或红色的线纹，以广泛的低矮植物的叶片为食物。

雌雄差异： 黑点白灯蛾的雌雄差异可以从体形和行动力来区分，雌蛾的体形比雄蛾大，雌蛾的行动能力比雄蛾弱。

生活习性： 黑点白灯蛾通常在日间活动，成虫喜欢访花，在花丛中飞舞嬉戏。

栖息环境： 黑点白灯蛾喜栖息在干燥、黑暗的环境中。

头部的白色绒毛

前翅为白色至黄白色

黑斑连在一起形成条纹

繁殖方式： 黑点白灯蛾属于完全变态昆虫，它们的繁殖会经历产卵、孵化、结蛹和羽化4个阶段。

翅展：3～5厘米	活动时间：白天	食物：花蜜、腐烂的果实、植物汁液等

带裙夜蛾

科：夜蛾科
别名：可爱裙夜蛾

带裙夜蛾是北美众多红裙夜蛾中的一种，也是北美分布最广泛且数量最多的一种带夜蛾。其躯体比较强壮。用于伪装的前翅图案差异比较大，从有斑纹的深灰褐色到几乎全黑色。粉红色的后翅有2条不规则的黑色带，后翅缘的色带近臀部呈凹入型。

分布区域： 带裙夜蛾分布于加拿大南部至美国佛罗里达州一带。

幼体特征： 带裙夜蛾的幼虫较长，身体呈灰色，皮肤异常粗糙。当其趴伏在嫩枝上休息时，难以被

强壮的躯体

前翅有深灰褐色的斑纹

粉红色的后翅

后翅的黑色带

发现。幼虫以栎树的叶子为食物。

雌雄差异： 带裙夜蛾的雌蛾和雄蛾相似。

生活习性： 带裙夜蛾通常在夜间活动，有很强的趋光性，一般从夏天到秋天可见其飞翔。成虫喜欢访花，它们可以通过改变自身图案来躲避天敌。

栖息环境： 带裙夜蛾一般栖息在比较隐蔽的地方。

繁殖方式： 带裙夜蛾是完全变态昆虫，它们的一生包含卵、幼虫、蛹和成虫4个时期。

翅展：7～8厘米	活动时间：夜晚	食物：花蜜、腐烂的果实、植物汁液等

非洲大黑蛾

科：夜蛾科

雌蛾

翅膀呈暗褐色

中室部的逗号形斑点

前翅缘呈波浪形

黑褐色的大眼纹

非洲大黑蛾的体形较大，身体多毛，翅膀呈暗褐色，前翅较尖锐，中室部有一个深色的逗号形斑点，逗号斑覆盖着金属蓝色鳞片，前翅缘呈波浪形，有白色弥漫于翅缘。后翅近方形，后缘有一个黑褐色的大眼纹，眼纹呈牙齿状，翅缘呈锯齿状，沿着翅缘有深色的波纹线。

分布区域： 非洲大黑蛾分布于热带的南美洲和中美洲，还有部分分布于美国加利福尼亚州和美国南部地区。

幼体特征： 非洲大黑蛾幼虫身体呈暗褐色，接近尾部处颜色逐渐变淡，以山扁豆属和近缘植物的叶片为食物。

雌雄差异： 非洲大黑蛾的雌蛾与雄蛾不同之处是，雌蛾有一条淡粉紫色的带贯穿前翅和后翅。

生活习性： 非洲大黑蛾通常在夜间活动，有趋光性，成虫喜欢访花，吸食花蜜。

栖息环境： 非洲大黑蛾习惯栖息于热带环境中，主要栖息在寄主植物的隐蔽处。

繁殖方式： 非洲大黑蛾属于完全变态昆虫，它们的繁殖会经历产卵、孵化、结蛹和羽化4个阶段。

翅展：11～15厘米	活动时间：夜晚	食物：花蜜、腐烂的果实、植物汁液等

前橙夜蛾

科：夜蛾科

前翅为黄色至橙黄色

翅端比较尖锐

紫红色的宽带

头部和前胸部为红褐色

前橙夜蛾的英文俗名为"Pink-barred Sallow"，但前橙夜蛾并没有粉红色的条纹。前橙夜蛾色彩鲜艳，头部和前胸部为红褐色，前翅为黄色至橙黄色，有红色或紫色的宽带，翅端比较尖锐，后翅为淡黄色。

分布区域： 前橙夜蛾主要分布于欧洲至亚洲温带地区，还有部分分布于加拿大南部和美国北部。

幼体特征： 前橙夜蛾的幼虫身体为红褐色或紫褐色，上面分布有深色的小斑点，以柳属和低矮的植物叶片为食物。

雌雄差异： 前橙夜蛾雌蛾和雄蛾的差异性不大。

生活习性： 前橙夜蛾通常在夜间活动，成虫有趋光性，喜欢访花吸蜜。

栖息环境： 前橙夜蛾通常栖息在寄主植物的隐蔽地方。

繁殖方式： 前橙夜蛾属于完全变态昆虫，它们的一生包含卵、幼虫、蛹和成虫4个时期。

翅展：5.3～7厘米	活动时间：夜晚	食物：花蜜、腐烂的果实、植物汁液等

蓝带夜蛾

科：夜蛾科

触角细且长

深灰褐色的伪装图案

前翅底色为灰白色

后翅暗蓝色的带

波浪状的翅外缘

蓝带夜蛾触角细且长，身躯肥胖，腹部呈灰褐色，前翅有灰白色和深灰褐色的伪装图案。前翅和后翅的翅缘均为波浪状，后翅呈黑褐色，后翅上面有显眼的暗蓝色的带。

分布区域：蓝带夜蛾的分布遍及中欧和北欧，也有部分的分布横跨亚洲。

幼体特征：蓝带夜蛾幼虫身体较长，呈灰色，有褐色的斑纹。幼虫在嫩枝上休息时会将自己伪装起来，使自己不被发现。幼虫主要以白蜡树和白杨的叶片为食物。

雌雄差异：蓝带夜蛾的雌蛾和雄蛾两性特征相似。

生活习性：蓝带夜蛾一般在夜间活动，成虫喜欢访花。

栖息环境：蓝带夜蛾栖息在寄主植物的叶片和枝干等隐蔽的地方。

繁殖方式：蓝带夜蛾属于完全变态昆虫，它们的繁殖会经历产卵、孵化、结蛹和羽化4个阶段。

翅展：7.5～9.5厘米	活动时间：夜晚	食物：花蜜、腐烂的果实、植物汁液等

黑带黄夜蛾

科：夜蛾科

雄蛾

前翅近顶角处有特殊的黑斑

鲜黄色的后翅

后翅的深黑色边缘

黑带黄夜蛾的雌蛾和雄蛾都有变异。

分布区域：黑带黄夜蛾主要分布于欧洲，也有部分分布于北非和西亚。

幼体特征：黑带黄夜蛾幼虫的颜色有所不同，从灰褐色到鲜绿色不等，可以从幼虫背部两排黑色的断线来辨认其种。幼虫以酸模属、蒲公英等草类为食物。

雌雄差异：黑带黄夜蛾雄蛾前翅的颜色从褐色到褐黑色不等，近顶角处缀有特殊的黑斑；而雌蛾的前翅颜色则是从红色到黄褐色或灰褐色不等。两性后翅均为深黄色，并且带有黑色的边缘。

生活习性：黑带黄夜蛾通常在夜间活动，成虫喜欢访花。

栖息环境：黑带黄夜蛾栖息在寄主植物的叶片和枝干等隐蔽的地方。

繁殖方式：黑带黄夜蛾属于完全变态昆虫，它们的繁殖会经历产卵、孵化、结蛹和羽化4个阶段。

翅展：5～6厘米	活动时间：夜晚	食物：花蜜、腐烂的果实、植物汁液等

榆凤蛾

科：凤蛾科

别名：燕凤蛾、榆长尾蛾、榆燕
尾蛾、燕尾蛾

榆凤蛾形态像凤蝶，身
体和翅膀为灰黑色或黑褐色，
腹部各节后缘为红色。翅脉为
黑色，前翅外缘为黑色的宽
带，后翅有一个尾状的突起，
后缘有 2 列不规则的红色或灰
白色的斑点。

灰黑色或黑褐
色的翅膀

身体为灰黑色

前翅外缘的
黑色宽带

黑色的翅脉

后缘红色或灰白
色的斑点

腹部各节后缘
为红色

后翅尾状的突起

分布区域：榆凤蛾主要分布于我
国辽宁、北京、河南、贵州。

幼体特征：榆凤蛾的幼虫初孵时
只食用叶肉，大龄幼虫则蚕食叶
片。幼虫白天时潜伏在枝上，夜
间大量进食。成熟幼虫身体为浅
绿色，背部中央为浅黄色，各节
均有黑褐色的斑点，全身覆盖着
厚厚的白色蜡粉。

雌雄差异：榆凤蛾雌蛾的体形比
雄蛾大。

生活习性：榆凤蛾一般在日间活
动，它们交配也在白天，夜间休
息，无趋光性，成虫喜欢访花。

栖息环境：榆凤蛾栖息在寄主植

物上比较隐蔽的地方。

繁殖方式：榆凤蛾属于完全变态
昆虫，它们的繁殖会经历产卵、
孵化、结蛹和羽化 4 个阶段。

防治方法：榆凤蛾可以通过喷洒
药剂防治。

翅展：7.5 ~ 8.5 厘米	活动时间：白天	食物：花蜜、腐烂的果实、植物汁液等

芳香木蠹蛾

科属：木蠹蛾科、木蠹蛾属

别名：杨木蠹蛾

芳香木蠹蛾的身体呈暗
灰色，触角呈扁线状，头部和
前胸部为淡黄色，中后胸部、
腹部和翅膀均为暗灰色，腹部
有独特的色带，前翅翅面分布
着龟裂状的黑色横纹。

分布区域：芳香木蠹蛾主要分布
于我国东北、西北地区。

幼体特征：芳香木蠹蛾寄主植物

扁线状的触角

前翅龟裂状的
黑色横纹

后翅为暗灰色

腹部独特的色带

为槐树、杨树、柳树、栎
树、苹果、香椿等。初孵幼虫
为粉红色，大龄幼虫的体背为紫
红色，黑色的头部有光泽，侧面
为黄红色，前胸背板有 2 块黑斑，
身体表面有短粗的刚毛。幼虫孵
化后取食寄主植物的韧皮部和形
成层，蛀入木质部以后可向上或
向下凿穿不规则的虫道。

雌雄差异：芳香木蠹蛾的雌雄差
异在于雌蛾较雄蛾大，体及前翅
为灰褐色，雄蛾色较暗。

生活习性：芳香木蠹蛾通常在夜
间活动，有弱趋光性，成虫羽化时
将茧从土中顶出地面，蛹壳留于茧
中，易被发现。成虫喜欢访花。

栖息环境：芳香木蠹蛾多栖息在
树木的树干中。

繁殖方式：芳香木蠹蛾在青海通
常 3 年发生 1 代，在内蒙古通常
2 年发生 1 代，在陕西商洛地区也
通常 2 年发生 1 代。

防治方法：芳香木蠹蛾的防治以
喷洒药剂为主。

翅展：7 ~ 8 厘米	活动时间：夜晚	食物：花蜜、腐烂果实、植物汁液等

舞毒蛾

科：毒蛾科

翅膀主要为白色

前翅上有显眼的黑色"V"形斑

雌蛾

躯体大而且长

舞毒蛾为有名的害虫蛾。其翅膀为白色至淡黄褐色，后翅边缘多毛。腹部粗长，覆有黄色的绒毛。

分布区域：舞毒蛾广泛分布于欧洲、亚洲温带地区。

幼体特征：舞毒蛾的幼虫为蓝灰色，背部有突出的红色、蓝色丛毛斑。幼虫以大部分灌木的叶片

为食物，以栎树为主。它们有时能把大片的森林绿叶吃干净，是危害严重的害虫。

雌雄差异：舞毒蛾的雄蛾在白天活动，雌蛾根本不飞，雌雄两性的差异较大。雄蛾翅面为淡黄褐色，前翅分布有暗褐色的花纹，后翅有暗褐色的边。雌蛾比雄蛾稍大，翅膀主要为白色，前翅上有显眼的黑色"V"形斑，沿着翅缘有一列独特的黑色斑点。

生活习性：舞毒蛾通常在日间活动。它们在夏季飞行，一年发生一代，以卵在树皮上及梯田壁、石缝等处过冬。成虫喜欢访花，吸食花蜜。

栖息环境：舞毒蛾大部分栖息在寄主植物上，有时候也能在土壤和石块下看见它们。

繁殖方式：舞毒蛾会边产卵边用后足蹬掉体毛覆盖于卵上，雌蛾的产卵期为 1～2 天，产完卵后，雌蛾仍停留在卵块上或附近死去。

防治方法：舞毒蛾的防治方法有采卵烧毁、诱杀幼虫和喷洒药剂 3 种。

| 翅展：4～6 厘米 | 活动时间：白天 | 食物：花蜜、腐烂的果实、植物汁液等 |

红白蝙蝠蛾

科：蝙蝠蛾科

前翅为淡黄色

前翅有粉褐色的花纹

雌蛾

后翅边缘为灰褐色

后翅为粉灰色

腹部呈毛皮状

红白蝙蝠蛾的雄蛾黄昏时多在植物上空飞行、盘旋，如幽灵一般，其英文名"Ghost Moth"即由此而来。

分布区域：红白蝙蝠蛾遍布欧洲至亚洲。

幼体特征：红白蝙蝠蛾幼虫为黄白色，有较小的暗褐色斑点，以草根和其他植物的叶片和嫩芽为食物。它们有时被人们视为害虫，或由于其挖洞的喜好，又被称为"獭蛾"。

雌雄差异：红白蝙蝠蛾的雄蛾前后翅形状相似，为银白色，北部型的雄蛾翅上缀有花纹，花纹呈褐色。雌蛾一般比雄蛾稍大，腹

部呈毛皮状，前翅为淡黄色，缀有粉红色或粉褐色的花纹，后翅则为粉灰色。

生活习性：红白蝙蝠蛾通常在夜间活动，成虫喜欢访花，吸取花蜜。

栖息环境：红白蝙蝠蛾栖息在植物的叶片上和枝干上。

繁殖方式：红白蝙蝠蛾属于完全变态昆虫，它们的繁殖经历了产卵、孵化、结蛹和羽化 4 个阶段。

| 翅展：4.5～6 厘米 | 活动时间：夜晚 | 食物：花蜜、腐烂的果实、植物汁液等 |

枯球箩纹蛾

科属：箩纹蛾科、箩纹蛾属
别名：水蜡蛾

　　枯球箩纹蛾因其翅纹像箩筐的条纹而得名，是大型蛾类。其身体为黄褐色，触角为双栉齿状，雌蛾的触角栉齿比雄蛾的稍短。前翅中带下部呈球状，其上缀有 3 ~ 6 个排成一列的黑斑，中带顶部外侧为齿状的突出。前翅端部有黄斑，其中的 3 根翅脉上有一些白色的人字纹，外缘有 7 个青灰色的斑，斑点呈半球状，在其上方有 2 个黑斑。后翅中线弯曲，外缘有 3 ~ 4 个半球形的斑点，其余呈曲线形。

双栉齿状的触角

身体呈黄褐色

后翅中线呈弯曲状

端部白色的人字纹

前翅基部的大眼纹

外缘的黑斑

后翅缘有白色的小三角形斑点

淡褐色的后翅缘

分布区域：枯球箩纹蛾主要分布于尼泊尔、印度、缅甸、中国和日本。

幼体特征：枯球箩纹蛾幼虫为具有 4 个触角的软体虫，有一对假眼生在顶项部。幼虫主要寄生在冬青、女贞等植物上，是森林害虫。

Republic of Maldives

Brahmaea wallichii

1 L

雌雄差异：枯球箩纹蛾雌蛾与雄蛾的差异在于雌蛾的触角栉齿比雄蛾短。

生活习性：枯球箩纹蛾通常在日间活动，成虫喜欢访花。

繁殖方式：枯球箩纹蛾属于完全变态昆虫，它们的繁殖经历了产卵、孵化、结蛹和羽化 4 个阶段。

防治方法：枯球箩纹蛾的防治方法有 2 种，一是灯光诱杀成虫，二是用 80% 敌敌畏乳油 4 000 倍液或 50% 杀螟松乳油 2 000 倍液，喷杀二至三龄幼虫。

| 翅展：15 ~ 16.2 厘米 | 活动时间：白天 | 食物：花蜜、植物汁液等 |

家蚕蛾

科属：蚕蛾科、蚕蛾属
别名：桑蚕

前翅端呈钩形

腹面

前翅具有明显的纵脉

白色的翅膀

身体较肥胖

家蚕蛾的身体较肥胖，腹部稍短。翅膀一般为白色，比较显眼，但不能飞行，偶尔会有个别品系的翅膀为褐色。其前翅具有明显的纵脉，外缘至顶角内凹，前翅端呈钩形。

分布区域：家蚕蛾分布于欧洲、亚洲和非洲。

幼体特征：家蚕蛾幼虫以桑树的叶子为食，刚孵化的幼虫食量较大，经过 4 次蜕皮后结茧。初龄幼虫又被称作蚁蚕，身体呈黑色至黑褐色，体背部生有细毛，体形似蚂蚁，蜕皮为二龄后转为白色。成蛾以后不再进食。

雌雄差异：家蚕蛾的雌雄两性差异不大，仅雌蛾体形比雄蛾大。

生活习性：家蚕蛾比较特别的是它们是不飞行的，且它们在成虫后就不再进食了。

栖息环境：家蚕蛾栖息在比较温暖的地方，多栖息在寄主植物的叶片上。

繁殖方式：家蚕蛾属于完全变态昆虫，它们的繁殖会经历产卵、孵化、结蛹和羽化 4 个阶段。

翅展：3～4厘米	活动时间：不活动	食物：成蛾后不再进食

锦纹剑尾蛾

科：燕蛾科

前翅的铜绿色带

最宽的带向后缘渐变成粉橙色

内缘的缘毛

后翅被有具多种虹彩的鳞片

锦纹剑尾蛾是多尾凤蛾在南美的姊妹蛾，是加勒比海地区在白天飞行的蛾类之一。其腹面呈淡金属的蓝绿色，分布有黑色的窄带。前翅有数条铜绿色的带，其中最宽的一条带向后缘渐变成粉橙色。后翅覆盖多种虹彩的鳞片，内缘生有许多缘毛。尾状突起较长，呈剑状，是本类蛾种独有的特征。

分布区域：锦纹剑尾蛾主要分布于牙买加。

幼体特征：锦纹剑尾蛾幼虫有黑色、蓝色和白色的斑纹，生有特殊的棒形端的毛，以藤本植物的叶片为食物。

雌雄差异：锦纹剑尾蛾的雌雄差异在于雌蛾的体形大于雄蛾。

生活习性：锦纹剑尾蛾通常在日间活动，成虫喜欢访花吸蜜。

栖息环境：锦纹剑尾蛾栖息在寄主植物的叶片和枝干上。

繁殖方式：锦纹剑尾蛾属于完全变态昆虫，它们的一生包含卵、幼虫、蛹和成虫 4 个时期。

翅展：5～7厘米	活动时间：白天	食物：花蜜、腐烂的果实、植物汁液等

日落蛾

科属：燕蛾科、金燕蛾属

日落蛾翅膀色彩艳丽，但它们的翅膀本身没有色素，其色彩是来自光的干涉。日落蛾被人们认为是最美丽、最富感染力的鳞翅目昆虫之一，收藏价值很高，是收藏家们追捧的对象。日落蛾和凤蝶很相似，特别是它们绚丽的翅膀，所以很容易被误认为是蝴蝶。日落蛾翅膀底色为黑色，分布有红色、绿色和蓝色的斑纹，图案变化较多，左右经常不对称。后翅的白鳞带较宽，后翅有6条尾，容易损坏或断掉，翅内缘有黑色的绒毛。

翅膀的色彩比较艳丽

黑色的身体

蓝色的斑纹

左右两翅的图案有时不对称

翅膀底色为黑色

后翅后缘缀有红色斑纹

后翅具有6条尾

分布区域： 日落蛾主要分布于马达加斯加。

幼体特征： 日落蛾幼虫的身体为乳黄色，有黑色斑点和红色的足，长有黑色的刚毛。口中吐出的丝有助于它们黏住光滑的叶子。

前翅的绿色斑纹

翅内缘的黑色绒毛

雌雄差异： 日落蛾雌蛾和雄蛾的差异之处在于雌蛾的体形比雄蛾大。

生活习性： 日落蛾通常在日间活动，成虫喜欢访花。

栖息环境： 日落蛾栖息在寄主植物的叶片和枝干上。

繁殖方式： 日落蛾属于完全变态昆虫，它们的繁殖会经历产卵、孵化、结蛹和羽化4个阶段。

| 翅展：7～9厘米 | 活动时间：白天 | 食物：花蜜、腐烂的果实、植物汁液等 |